我最爱吃的蔬菜

贺师傅教你严选食材做好菜　广受欢迎的各种食材料理

加　贝◎著

译林出版社

图书在版编目(CIP)数据

我最爱吃的蔬菜 / 加贝著 . -- 南京 ：译林出版社，2015.2
(贺师傅幸福厨房系列)
ISBN 978-7-5447-4338-9

Ⅰ . ①我… Ⅱ . ①加… Ⅲ . ①素菜－菜谱 Ⅳ .
① TS972.123

中国版本图书馆 CIP 数据核字 (2015) 第 017614 号

书　　名　我最爱吃的蔬菜
作　　者　加　贝
责任编辑　王振华
特约编辑　梁永雪
出版发行　凤凰出版传媒股份有限公司
　　　　　译林出版社
出版社地址　南京市湖南路1号A楼，邮编：210009
电子信箱　yilin@yilin.com
出版社网址　http://www.yilin.com
印　　刷　北京京都六环印刷厂
开　　本　710×1000毫米　1/16
印　　张　8
字　　数　28千字
版　　次　2015年3月第1版　　2015年3月第1次印刷
书　　号　ISBN 978-7-5447-4338-9
定　　价　25.00元

目录

01 超简单蔬菜切法

米饭杀手 快炒蔬菜料理

06 蔬菜的快炒秘诀
07 手撕包菜
08 香菇扒油菜
10 西红柿炒蛋
12 鱼香杏鲍菇
14 开胃酸辣藕丁
16 炝炒空心菜
18 五彩杏鲍菇
20 豆豉鲮鱼油麦菜
22 油焖冬笋
24 韭菜炒蛋
26 蒜香西兰花
28 鱼香茄子
30 干煸豆角
32 酸辣土豆丝
34 豆角榄菜炒肉末
36 东北地三鲜
38 肉末茄子
40 荷塘小炒
42 茶树菇炒腊肉
44 小炒有机菜花
46 韩国泡菜炒饭
48 胡萝卜青豆炒饭
50 洋葱咖喱炒饭

味浓料足 蒸炖蔬菜料理

54 蔬菜的蒸煮秘诀
55 手撕茄条
56 海米烧冬瓜
58 上汤娃娃菜
60 什锦蒸蔬菜
62 蒜香肉酱蒸菇
64 茄汁鱼块蒸白菜

CONTENTS

66 玉米豇豆乱炖
68 蜜汁南瓜
70 农家吉祥三宝
72 什锦蘑菇焖饭
74 香菇芋头焖饭
76 茄子香菇焖面
78 罗宋蔬菜汤

清爽到底 凉拌蔬菜料理

82 蔬菜的凉拌秘诀
83 银丝菠菜
84 清爽老虎菜
86 芦笋拌虾仁
88 大丰收拌菜
90 蓝莓山药
92 桂花糯米藕
94 橙汁瓜条
96 姜汁豇豆
98 时蔬拌拉皮
100 四鲜烤麸
102 姜汁藕片
104 蜜汁苦瓜
106 三色金针
108 爽口花菜
110 腰果脆芹
112 麻酱菜心
114 香拌茭白
116 素拌秋葵
118 洋葱拌木耳
120 醋拌蘑菇
122 时蔬凉拌菠菜面
124 酸辣海带丝

超简单蔬菜切法

蔬菜的切配是一直困扰厨房新手的问题，
怎样简单、快捷地把蔬菜切出漂亮的形状，是需要具体指导的。
这里将介绍大厨最常用的蔬菜处理方法，给你讲解最详细的食材预处理办法。

叶菜类蔬菜处理

菠菜、油麦菜、空心菜等蔬菜的处理

去黄叶、老根，洗去脏污

用清水清洗

加盐浸泡杀菌

白菜、娃娃菜等蔬菜的处理

切去根部

切成丝状

切成片状

加盐浸泡

根茎类蔬菜处理

超简单
蔬菜处理

豆角、豇豆、荷兰豆的处理

择去两端的老筋

切成圈状

切成段状

冬笋、春笋、茭白的处理

用刀从笋尖划至底部

将笋壳剥掉

切成片状

切成块状

莲藕的处理

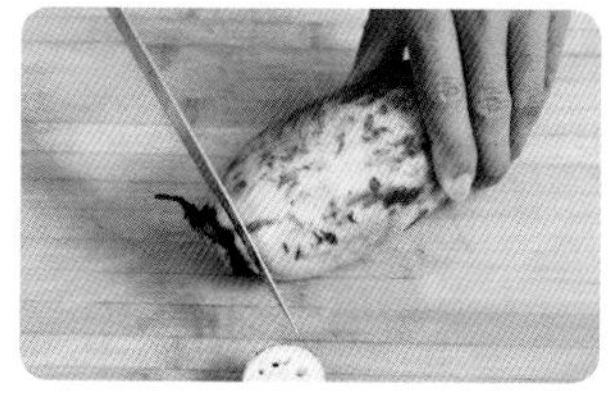
切去两端根

刮除外皮

洗净后浸泡

土豆的处理

去除外皮

切成片状

用土豆片再切丝

浸泡去除淀粉

球茎蔬菜处理

西兰花、菜花、包心菜、紫甘蓝的处理

西兰花掰成小朵

加盐浸泡杀菌

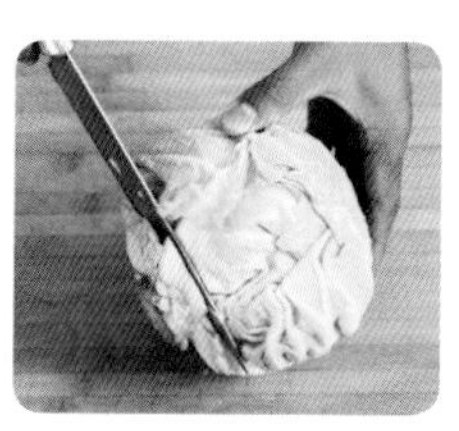
用刀旋转切除包菜根部

加盐浸泡杀菌

茄果类蔬菜处理

西红柿的处理

放入沸水焯烫 2 分钟

泡入冷水，撕去外皮

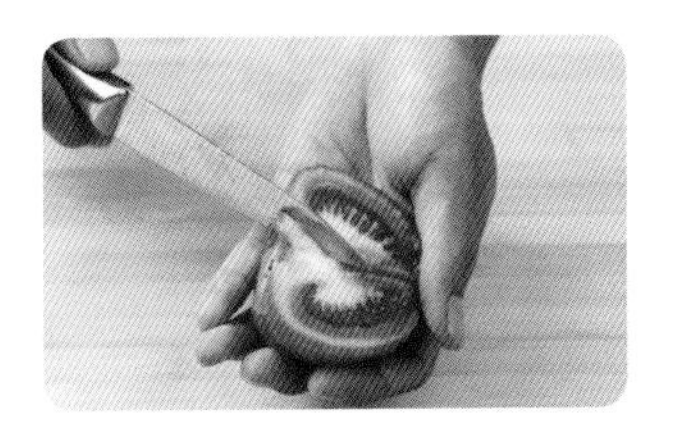
对半切开，切除硬蒂

茄子、线茄、圆茄的处理

切成条状

切片后切丝

圆茄子切开片状

圆茄子切块

青椒的处理

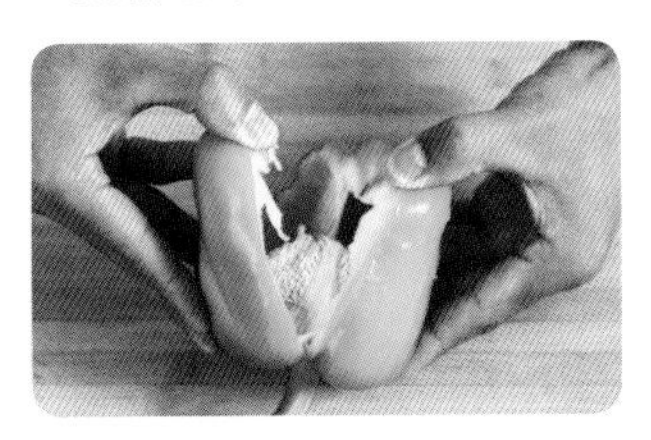
将青椒用手掰开

去除硬蒂和内部的籽

用水洗净

• 书中计量单位换算

1小勺盐≈3g
1小勺糖≈2g
1小勺淀粉≈1g
1小勺香油≈2g
1小勺酵母粉≈2g

1大勺淀粉≈5g
1大勺酱油≈8g
1大勺醋≈6g
1大勺蚝油≈14g
1大勺料酒≈6g

1大勺标准（平勺）

1碗标准

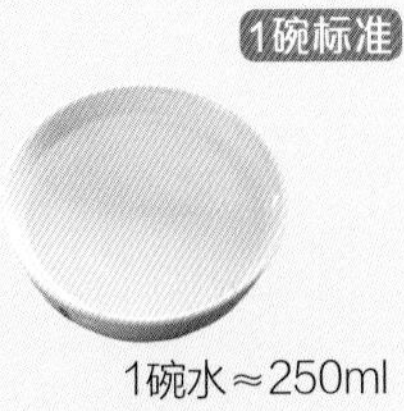

1碗水≈250ml
1碗面粉≈150g

米饭杀手
——快炒蔬菜料理

美味下饭的快炒蔬菜料理，
酸甜可口的西红柿炒蛋，酸辣馋人的开胃藕丁，
韭香扑鼻的韭菜炒蛋，咸香入味的干煸豆角，
绝对让你连碗中的最后一粒米也不放过。

五彩杏鲍菇

翻炒藕丁时，
加入少许水，可使藕丁
保持嫩白。

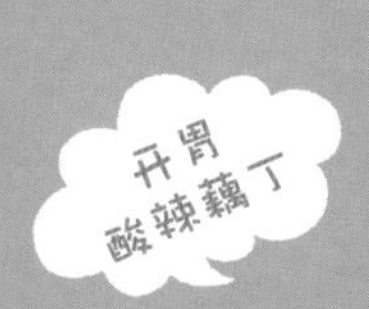

蔬菜的快炒秘诀

蔬菜处理有秘诀

处理豆荚类蔬菜和绿叶菜时，要注意把豆荚上的老筋择下，绿叶菜上的老梗和粗糙的皮都要去除，不然会影响菜肴的口感，用这样处理过的蔬菜做菜，才不会有咬不断的老筋，或者口感差的粗皮了，让人吃得更舒心。

掌握火候最关键

家中做不出餐厅口味的蔬菜小炒的原因在于火力不足，在大火烹炒下，青菜因为加热时间短，才能保持清脆的口感。因此，家中炒青菜时要使用最强火力来炒，例如炒空心菜、油麦菜这类青菜时，可先将菜梗入锅炒熟，再放入菜叶部分，这样可以避免菜叶过早软烂。

好滋味由你决定

炒青菜可以变化出多种风味，这一切都由你决定。喜欢呛辣味道的，可以用花椒、干辣椒炝锅，再放入青菜迅速翻炒，增加青菜的风味；喜欢蒜香的，就用蒜末或者拍扁的蒜粒爆香，待大蒜颜色金黄后再加入青菜炒匀，加盐调味即可；还有用豆豉爆香的方法，那样就增加了独特的豉香味。

蔬菜要炒得漂亮

要想蔬菜炒得漂亮，就得经过焯水处理，诸如西兰花、豇豆等不易炒熟的食材，焯水不仅可以缩短烹炒时间，还能保持蔬菜本身的翠绿色和清脆口感，使炒出的菜肴口感和颜色更好。

手撕包菜

材料：葱白1段、姜1块、大蒜3瓣、五花肉1块（约250g）、包菜半个、花椒10粒、干辣椒2小段

调料：盐1小勺、油2大勺、蚝油2大勺、陈醋半大勺

包菜怎么炒才香？

手撕包菜是快炒菜，若炒菜时放入蒜末和醋，蒜的辛辣味和醋香味都会因高温而减少，使口味变差，故出锅前再放入蒜末和醋口味最佳。

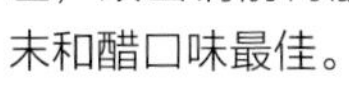

制作方法

1. 葱白、姜切片；蒜瓣切末；干辣椒切末；五花肉洗净，切成0.3cm厚的薄片。

2. 包菜洗净，撕成长5cm的方片状；放入凉水中，加1小勺盐浸泡5分钟，捞出。

3. 炒锅中加2大勺油，下入花椒煸香，然后放入葱白、姜片、干辣椒煸炒。

4. 接着倒入五花肉翻炒，煸至微焦。

5. 爆出肉香后，将撕好的包菜倒入锅中翻炒几下，加蚝油调味。

6. 最后将蒜末撒入锅中，沿锅边淋入陈醋，迅速炒匀，即可出锅。

香菇扒油菜

材料： 干香菇10朵、小油菜5棵、大葱1段、大蒜2瓣

调料： 油2大勺、蚝油1大勺、老抽1小勺、糖1小勺、水淀粉1大勺、白芝麻1小勺

初级难度　10 分钟　2 人份

香菇扒油菜怎么做才清脆？

青菜要炒的口感清脆、颜色翠绿，可先将青菜放入加了油和盐的沸水中，焯烫片刻，再下锅大火快炒，这样不但保留了青菜的颜色，还会使口感更加爽脆，此法绿叶菜、块茎类蔬菜都适用。

制作方法

斜刀切片
可以使香菇看起来
比较大

1 干香菇洗净、泡发，切去根部，斜切成片状，备用。

2 小油菜掰开、洗净、焯水，备用。

3 大葱洗净，切片；大蒜拍扁，切成细末，备用。

4 炒锅中加2大勺油，待油烧热后，下入葱片、蒜末爆出香味。

5 接着放入香菇片，翻炒片刻，炒至香菇变软。

6 再将焯好的油菜倒入锅中，大火翻炒1分钟。

7 然后加蚝油、老抽、糖，调味。

8 接着，倒入水淀粉勾芡，拌炒均匀。

9 最后，撒入白芝麻，将香菇油菜盛入盘中，就大功告成了。

西红柿炒蛋

材料：西红柿2个、鸡蛋3个、大葱1段、姜1块、香葱1根

调料：油3大勺、盐1.5小勺、酱油半大勺、糖2大勺

制作方法

1. 西红柿洗净、对半切开，切去硬蒂，以免影响口感。

2. 再将西红柿切成约2cm的小块，备用。

3. 鸡蛋打入碗中，加半小勺盐，搅拌均匀。

4. 大葱洗净，纵向切开，再切成段；姜洗净，切成姜丝；香葱洗净、切成葱末。

5. 锅中加2大勺油，大火烧热后，倒入鸡蛋液，待蛋液略为定型，用锅铲推拉蛋液，将鸡蛋炒散，盛出。

6. 再下入1大勺油，下入葱段、姜丝，中火炒至葱段香黄微焦。

7. 接着放入西红柿块，用锅铲推动翻炒西红柿块。

8. 再倒入酱油、盐、糖，使颜色更加诱人。

9. 炒至西红柿即将出汁时，倒入鸡蛋碎，大火翻炒均匀，撒上香葱末即可出锅。

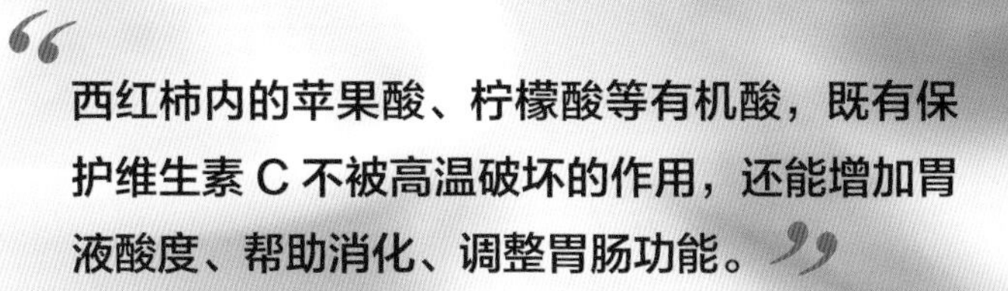

“西红柿内的苹果酸、柠檬酸等有机酸，既有保护维生素 C 不被高温破坏的作用，还能增加胃液酸度、帮助消化、调整胃肠功能。”

初级难度　10 分钟　2 人份

鱼香杏鲍菇

材料： 青椒半个、红椒半个、杏鲍菇2根、干木耳2朵、葱白1段、姜1块、大蒜2瓣、剁椒1小勺

调料： 油3大勺、糖半大勺、醋2大勺、老抽1小勺、盐半小勺

鱼香杏鲍菇怎么做才鲜香味浓？

事先将杏鲍菇焯熟，可缩短烹炒的时间，保持杏鲍菇的口感；炒菜前，将剁椒再次剁细，可使炒出的菜辣味更浓；在出锅前用水淀粉勾芡，可以使鱼香汁收浓，紧紧裹住杏鲍菇，风味更佳。

杏鲍菇富含蛋白质、维生素及钙、锌等矿物质，
具有提高人体免疫力、降低血脂、促进肠胃消化等功能，
十分有益身体健康。

青椒、红椒均洗净，切丝；葱白、姜均去皮，切丝；大蒜拍扁、去皮，切末。

杏鲍菇洗净，切成0.5cm宽的条；干木耳洗净、泡发，切丝，备用。

杏鲍菇放入滚水中焯烫2分钟至熟。

炒锅烧热，放入3大勺油，爆香葱姜丝。

葱姜煸炒出香味后，加入蒜末和剁椒，继续煸炒。

然后加入杏鲍菇、青椒丝、红椒丝翻炒。

加入糖、醋、老抽、盐，翻炒均匀。

然后加入水淀粉勾芡，使汤汁浓稠。

最后，加入木耳，炒熟，淋入香油，即可盛出。

开胃酸辣藕丁

材料： 莲藕1节、红线椒3根、野山椒1大勺、干辣椒2根、大蒜2瓣

调料： 油4大勺、清水半碗、白醋4大勺、生抽1大勺、糖2小勺、盐1小勺、香油半小勺

1. 莲藕去皮、洗净，切成1cm宽的丁，放入清水浸泡。

2. 红线椒洗净，切成0.5cm宽的圈；野山椒切成圈；干辣椒掰成小段；大蒜去皮、拍扁，切碎，备用。

3. 锅中加入4大勺油，中火烧至6成热，下入蒜碎、干辣椒，小火爆香。

4. 然后放入红线椒圈和野山椒圈，煸炒出辣味。

5. 接着放入藕丁，加入半碗清水，与辣椒翻炒均匀。

6. 最后，加入白醋、生抽、糖、盐、香油调味，炒至入味，即可出锅。

开胃酸辣藕丁怎么做才酸辣爽口？

辣椒用来炝锅提味，因此干辣椒也必不可少；红线椒和野山椒要充分翻炒，使辣味彻底释放，这样使藕丁吸收浓浓的醋香和辣香之后，味道才足够好；翻炒藕丁时，加入少许水，可使藕丁保持嫩白。

中级难度
20 分钟
2 人份

炝炒空心菜

材料： 空心菜1把、大蒜2瓣、小红椒5根、豆豉1大勺

调料： 油2大勺、盐1小勺

制作方法

空心菜洗净，切成3cm长的段。

大蒜拍扁、去皮，切碎；小红椒洗净，切圈。

豆豉放入水中浸泡至软，再用刀切碎，备用。

炒锅大火烧热，倒入油烧至6成热，放入豆豉、小红椒、大蒜，炒出香味。

然后放入空心菜，不断翻炒。

最后，加盐调味，即可盛出。

炝炒空心菜怎么做才清脆味浓？

煸炒豆豉、小红椒和蒜碎的时间要略微久一点，使它们的味道充分释放，融入油中，这样炒出的菜才入味；炒菜时要快速大火翻炒，避免火力不够而导致空心菜变软出水，失去空心菜原有的脆度。

初级难度
10 分钟

五彩杏鲍菇

材料： 猪里脊1块、杏鲍菇2根、青辣椒1根、红辣椒1根、葱末1小勺、姜末1小勺

调料： 油3大勺、蚝油1大勺、生抽1大勺、老抽半大勺、盐半小勺、糖1小勺

“**杏鲍菇营养丰富，富含蛋白质、维生素及钙、镁、锌等微量元素，可以提高人体免疫功能，具有降血脂、促进肠胃消化、防止心血管病以及养颜护肤等作用，对身体极有益处。**”

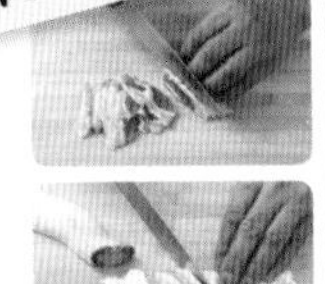

1. 猪里脊洗净，切成4cm宽的片状；杏鲍菇洗净，切成斜片；青红辣椒洗净、斜切成段，备用。

2. 锅中加2大勺油，中火烧至五成热，下入杏鲍菇，煎至变色、变软，捞出。

3. 另起锅，放入1大勺油，下入葱姜末，大火爆香；然后倒入肉片，炒至肉片变色。

4. 将煎过的杏鲍菇倒入锅中，与肉片翻炒均匀。

5. 加入蚝油、生抽、老抽、盐、糖，继续炒匀。

6. 出锅前，倒入切好的青红辣椒，大火翻炒几下，清香爽口的杏鲍菇就炒好了。

杏鲍菇怎么做口感才会鲜香弹牙？

杏鲍菇本身含水量不高，遇高温最容易产生收缩，变得干瘪，进而造成营养流失！故切杏鲍菇时，可以切的厚一点，这样菇肉吃起来才会更有弹性和嚼劲，杏鲍菇的鲜香口感才能展露无遗。

豆豉鲮鱼油麦菜

材料： 油麦菜1把、红椒半个、葱白1段、大蒜3瓣、鲮鱼罐头1罐、干豆豉1大勺

调料： 油3大勺、盐1小勺

制作方法

1 油麦菜洗净，切成4cm长的段，备用。

2 红椒洗净、去瓤，切成细丝；葱白洗净，切成葱花；大蒜去皮，拍扁，切末。

3 打开罐头，取出鲮鱼，将鲮鱼撕成小块，备用。

豆豉要多炒一会,使豆豉香味彻底释放

4 锅中倒油，中火烧至七成热，放入葱花、蒜末爆出香味后，再放入豆豉炒香。

5 然后放入油麦菜和红椒丝，转大火快速翻炒至油麦菜变软，加盐。

6 然后加入鲮鱼块，翻炒均匀即可。

豆豉鲮鱼油麦菜怎么做才清爽入味？

爆香时尽量使用中小火，避免将葱蒜和豆豉炒煳，产生焦煳味；这道菜要用大火快炒，避免炒制时间延长，导致油麦菜出水变软，使口感变差；鲮鱼罐头属于加工食品，含有盐分，因此少量加盐调味即可。

初级难度
10 分钟
2 人份

油焖冬笋

材料：冬笋1根（约500g）、青椒半个、红椒半个、蒜2瓣、葱1段、虾米1大勺

调料：料酒2大勺、油2碗、热水半碗、水淀粉1大勺，盐、白糖、生抽、老抽各1小勺

1 冬笋去皮、洗净、对半切开，切成2.5cm的滚刀块，放入滚水焯烫1分钟。

2 青椒、红椒均洗净、去蒂，切成菱形片；蒜、葱洗净，切片，备用。

3 虾米洗净、放入碗中，加料酒浸泡，去除虾米腥味。

4 锅中倒入2碗油，大火烧至四成热，下笋块，转中火，炸2分钟，捞出、滗油。

爆香虾米能提升整道菜肴的鲜度

5 起油锅，大火烧至七成热，依次放入蒜、葱、虾米爆出香味。

6 接着倒入炸好的冬笋块，中火煸炒至笋块表皮油亮、颜色发黄。

7 加入盐、白糖、生抽、老抽和热水，大火烧开后，转小火，加盖焖15分钟。

8 打开锅盖，放入青椒、红椒，快速炒匀，再转成大火，翻炒收汁。

9 用水淀粉勾薄芡，翻炒均匀，使汤汁裹紧冬笋，滋味醇厚的油焖冬笋就做好啦。

油焖冬笋的窍门在于焖，添完水后，要用大火烧开，
再转成小火慢焖，烧至调味汁紧紧裹住冬笋，
此时冬笋色泽诱人、味道醇厚。
厨语称此步骤为“火中取宝”，目的就是让冬笋充分吸收汤汁。

中级难度　20分钟　2人份

韭菜炒蛋

材料：韭菜1把、鸡蛋4个、鲜虾仁半碗

调料：盐1小勺、油3大勺

韭菜含有挥发性物质，因此具有辛辣味，有增加食欲的作用。韭菜还含有丰富的纤维素，食物纤维能刺激肠道蠕动，促进人体排毒，减少对胆固醇的吸收，降低动脉硬化、高血脂等症状的发生率。

1 韭菜洗净，清水中加半小勺盐，将韭菜放入水中浸泡10分钟。

2 将浸泡过的韭菜滗干，切成细末，放入盆中，备用。

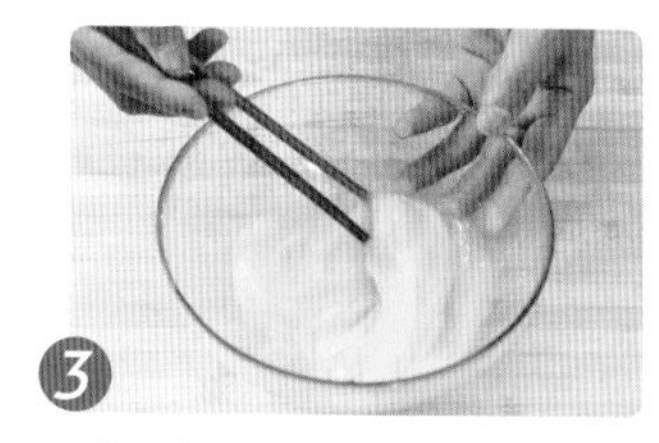

3 鸡蛋打入碗中，加入半小勺盐，搅匀，然后放入切好的韭菜。

4 再倒入鲜虾仁，用筷子搅拌均匀。

5 炒锅中加3大勺油，大火烧至七成热，倒入韭菜鸡蛋液，小火炒散，使蛋液受热均匀。

6 待蛋液凝固后，停止搅动，使鸡蛋块保持完整，待香味飘出后，就可上桌享用了。

韭菜炒蛋怎么做才会使鸡蛋蓬松？

做韭菜炒蛋时，要尽量少加水，因为韭菜本身就含有水分，韭菜中的水分煎干后，韭香味才会飘出。鸡蛋液下锅前，锅中的油温要高，高油温可以使鸡蛋膨发的更大，吃起来更加香松软滑。

蒜香西兰花

材料： 西兰花1颗、大蒜3瓣、枸杞10粒

调料： 油2大勺、香油1小勺　**芡汁料：** 盐2小勺、水淀粉2大勺

制作方法

西兰花掰成小朵、洗净；碗中加1小勺盐，放入西兰花浸泡10分钟。

大蒜洗净、拍扁、去皮，切末；枸杞泡水，备用。

锅中加水，大火煮沸后，加少许油、盐；将西兰花倒入锅中焯水，使其颜色翠绿。

焯水1分钟后，将西兰花捞出，放入冷水中浸泡1分钟，滗干、备用。

炒锅用中火烧热，加入2大勺油，倒入一半蒜末爆香。

将西兰花倒入锅中，大火翻炒，加入芡汁料，调味、勾芡；再撒入其余蒜末及枸杞，淋上香油即可。

西兰花怎么炒口感更脆、营养更丰富？

西兰花属耐炒类蔬菜，炒之前先焯烫一下，这样可以减少炒制的时间，防止营养流失。焯水时加入油和盐，可以使焯烫过的西兰花色泽更鲜亮，放入冷水过凉，西兰花口感会更加爽脆。

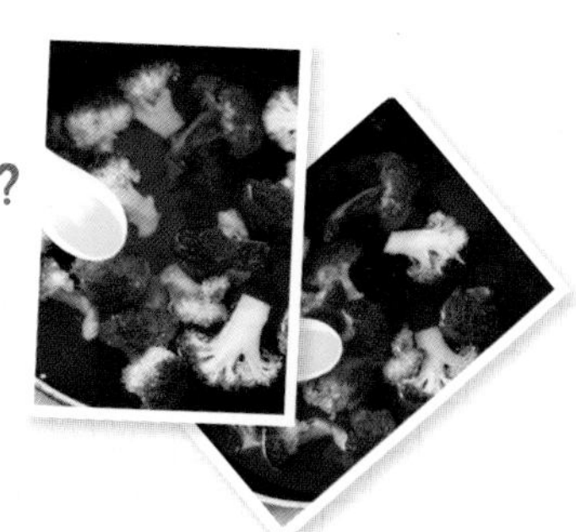

初级难度
20 分钟
2 人份

鱼香茄子

材料：茄子2个，青、红椒各半个，香菜1根、大葱1根、姜1块、大蒜5瓣

调料：油6大勺、郫县豆瓣酱1大勺

鱼香汁调料：醋5大勺、酱油半小勺、糖3大勺、淀粉1小勺、料酒1大勺

鱼香茄子怎样炒才香软爽口？

切好的茄子先过油炸一遍，炸到用锅铲轻压能感受到茄子变软，即可捞出、 去油。炸过的茄子不仅色泽光鲜，而且更加入味，在炒时不易因氧化而变黑。经过处理的茄子吃起来更香软，不易变烂。

茄子富含维生素 P，维生素 P 能增强人体细胞间的黏着力，降低毛细血管的脆性，防止细微血管破裂、出血，保护心血管，维持正常的生理功能；同时，茄子还有抗衰老、降脂降压的效果。

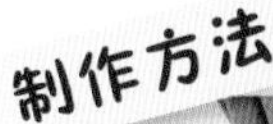

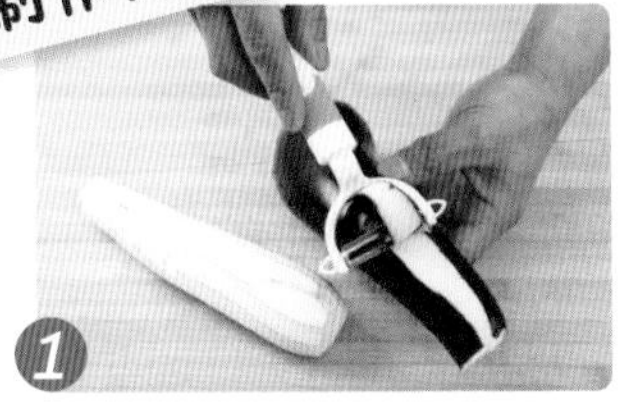

1 茄子清洗干净，用刀切去蒂头，再用削皮刀去掉表皮。

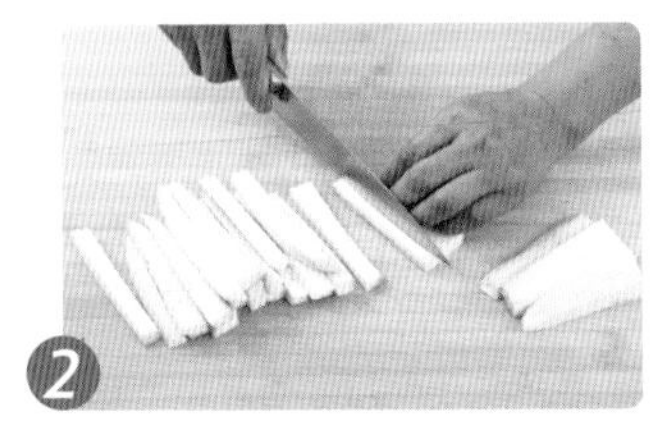

2 将去皮的茄子切成约8cm长的条，备用。

3 锅中加3大勺油，中火烧至五成热，下入茄条，煸至茄子呈黄绿色，捞出，备用。

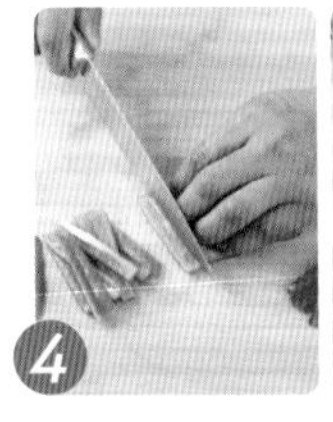

4 青椒洗净，切成0.8cm宽的条；香菜洗净，切成细末；葱、姜洗净，切末，分成两份；蒜去皮，切末，备用。

5 将鱼香汁调料和1份葱姜末混合，调成鱼香汁，备用。

6 锅中加入3大勺油，小火烧热，放入郫县豆瓣酱，炒出红油，再放入另一份葱、姜和一半蒜末，炒出香味。

7 接着转中火把处理好的茄子放入锅中，不断翻炒，炒至茄子颜色变深、体积缩小。

8 然后倒入青红椒块、鱼香汁，转大火烧至汤汁浓稠。

9 最后，撒上香菜末和剩余蒜末，翻炒均匀，鱼香茄子就可以出锅装盘了。

干煸豆角

材料： 豆角1把（约500g）、大蒜2瓣、姜1块、四川芽菜2大勺、猪肉馅半碗、干辣椒3根

调料： 料酒2大勺、淀粉1小勺、生抽1.5大勺、油2碗、盐1小勺

制作方法

豆角洗净，撕去老筋，切成5cm长的段。

姜去皮、洗净，切末；大蒜去皮、拍扁，切碎。

四川芽菜用刀剁细；干辣椒切成小段，备用。

猪肉馅放入碗中，加入料酒、淀粉、生抽，搅拌均匀腌制。

锅中倒入2碗油，大火烧热，待油面冒起烟时，倒入豆角，中火炸至豆角表皮微微起皱，捞出、滗油。

锅中留少许底油，放入腌好的猪肉馅，中火炒至变色。

加入四川芽菜、干辣椒段、姜末、蒜碎，炒出香味。

然后放入炸过的豆角段，翻炒均匀。

最后，加盐调味，继续翻炒，直至水分收干即可。

肉末炒熟后，加入芽菜、干辣椒、姜蒜，要多炒一会，
使肉末吸收芽菜等辅料的味道；
豆角必须做熟，因此先炸后炒是快速做菜的秘诀，
炸过的豆角会有一股独特的焦香味，使这道菜更加干香入味。

中级难度　20 分钟　3 人份

酸辣土豆丝

材料：土豆2个、葱白1段、大蒜3瓣、干辣椒2个、青辣椒1个、香菜段1大勺

调料：油4大勺、盐半小勺、陈醋2大勺

1 土豆去皮、洗净，切成细丝，放入清水浸泡5分钟。

2 土豆丝焯水，捞出备用。

3 葱白洗净，切丝；大蒜拍扁、去皮；干辣椒斜切成段，青辣椒切丝。

4 锅中放油，烧至四成热时，放入干辣椒、葱、蒜，小火爆香。

5 然后放入土豆丝、青辣椒，快速翻炒，接着加盐、醋，大火翻炒均匀。

6 放入香菜段，淋入香油，快速炒匀出锅即可。

酸辣土豆丝怎么做才清香爽脆？

土豆丝浸泡一段时间，炒出的菜会更脆爽；炒干辣椒时，火力不能太大，以免炒煳；土豆丝炒到八成熟，装盘后，菜的热度会将土豆丝制熟，如果炒至全熟，食用时土豆丝面而不脆，影响口感。

中级难度
20 分钟
2 人份

豆角橄菜炒肉末

材料： 豆角1把（约500g）、姜1块、大蒜2瓣、小红椒1根、猪肉馅1碗、橄榄菜半碗

调料： 油3大勺、盐1小勺、糖1小勺、生抽1大勺、蚝油1大勺、清水1大勺、香油半小勺

豆角榄菜炒肉末怎么做才咸香入味？

豆角一定要预先处理至断生，用滚水焯烫或者干锅热炒都能使豆角变熟；橄榄菜本身具有咸味，所以调味时应酌量少加盐；用大火快炒能最大程度地保持豆角清脆的口感，并能使菜肴沾染镬气，增加风味。

豆角洗净、撕去老筋，切成1cm宽的粒，备用。

姜去皮、洗净，切末；大蒜去皮、拍扁，切成蒜蓉；小红椒洗净、斜切成粒。

煮锅加水煮沸，放入豆角粒和几滴油，焯烫熟后，捞出、滗干。

炒锅中加油，中火烧至七成热，放入姜、蒜爆香。

接着下入猪肉馅，转大火炒至肉末变色。

再放入橄榄菜和小红椒粒，翻炒均匀。

然后放入豆角粒，翻炒至豆角变软。

加入盐、糖、生抽、蚝油拌匀，淋入1大勺清水，继续翻炒。

最后，盖上锅盖，转中火焖2分钟，出锅前淋入香油。即可食用。

东北地三鲜

材料： 土豆1个、茄子1个、青椒1个、西红柿1个、葱1段、姜1块、蒜2瓣

调料： 油4碗、糖1小勺、蚝油1大勺、生抽1大勺、老抽1大勺、水淀粉2大勺

地三鲜中土豆怎么炸才更软糯绵口？

土豆在炸之前可以先用水冲洗一遍再滗干，这样就能洗掉表面的淀粉，防止炸的时候表面焦糊。在炸制的时候先用大火定型，再转小火慢慢将里面炸熟，这样不仅外表酥脆，而且内里软糯绵口，香气四溢。

“土豆富含维生素、微量元素、膳食纤维，是理想的减肥食品。
茄子皮中含有的维生素 E、维生素 P，
和西红柿中含有的大量茄红素，抗氧化效果显著。
三者搭配食用，口味独特、营养丰富。”

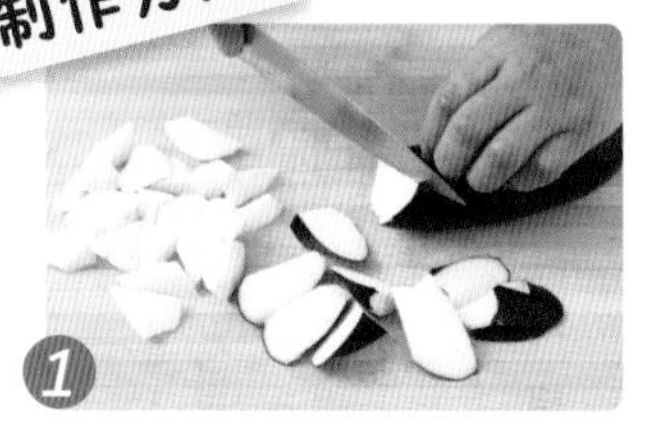

1 土豆洗净、去皮，切成滚刀块；茄子洗净、去蒂，切滚刀块。

2 青椒洗净，切成大小一致的菱形块；西红柿洗净、去蒂，切成小块 。

3 葱、姜、蒜洗净、去皮，切末，备用。

4 锅中加入4碗油，大火烧热，转成小火，放入土豆块，炸成金黄色，转大火逼油，捞出。

5 中火将茄子下锅、炸软后，转大火逼油，捞出，备用。

6 锅中留下少许油，下入葱、姜中火爆香。

7 接着倒入西红柿块后，再倒入青椒块略炒，中火炒至西红柿软烂出汁。

8 放入炸好的茄子块、 土豆块，大火翻炒均匀。

9 加糖、蚝油、生抽、老抽调味，淋入水淀粉勾芡；最后，撒入蒜末，炒匀即可。

肉末茄子

材料： 紫色线茄2个、大蒜3瓣、猪肉末半碗、香葱花1大勺

调料： 生抽4大勺、水淀粉3大勺、盐1小勺、油4大勺

茄子洗净，切成5cm长、1cm宽的条；大蒜拍扁、去皮，切末。

将生抽、水淀粉、盐调成料汁，备用。

锅中不放油，烧至5成热，放入茄条干炒片刻，待茄子变软后盛出，备用。

接着倒入2大勺油，放入猪肉末，炒至变色，加盐调味，盛出备用。

再加入其余油，放入蒜末大火爆香，放入茄条和熟肉末翻炒。

然后倒入料汁，炒匀，撒入香葱末，焖2分钟即可。

肉末茄子怎么做才不吸油？

处理茄子时，尽量不要去皮，茄子皮中含有大量营养素，营养效果更好；干锅煸茄子的时候要尽量耐心，也可以用热油略微炸熟；蒜末要充分爆香，炝出浓重的蒜味，炒出的茄子才更好吃。

中级难度
20 分钟
2 人份

荷塘小炒

材料： 干黑木耳2朵、莲藕1节、胡萝卜半根、荷兰豆10个

调料： 盐1小勺、清水1大勺

制作方法

黑木耳用温水泡发、洗净、撕成小朵。

莲藕去皮、洗净，切片；胡萝卜去皮，切片；荷兰豆去筋，备用。

藕片放入沸水，加入半小勺盐焯烫后捞出，然后放入荷兰豆、胡萝卜、木耳焯熟，捞出泡入凉水。

炒锅烧热，放入胡萝卜片煸炒，再加入其余食材同炒，翻炒至木耳变软。

锅中加入1大勺清水，继续翻炒。

最后，加入剩余盐调味，炒匀后盛出即可。

荷塘小炒怎么做才清脆爽口？

黑木耳和胡萝卜要炒透，以便胡萝卜素充分释放；荷兰豆加盐煮沸后，马上过凉，可保持颜色翠绿。此菜口味清淡，不宜添加如酱油、蚝油等口味较重的调味品，避免影响菜肴的清香。

莲藕的营养价值很高，富含蛋白质、维生素 C 和钙、铁等微量元素，与木耳、荷兰豆、胡萝卜搭配食用，可起到清热补气、增强免疫力的作用，常吃此菜可以清理体内废物，让身体充满活力。

初级难度　10 分钟　2 人份

茶树菇炒腊肉

材料： 腊肉1块、鲜茶树菇1把、大葱1段、姜1块、大蒜5瓣、香芹2根、青蒜1根、红辣椒10根、白洋葱半个、花椒1小勺

调料： 油2大勺、辣妹子辣酱1小勺、生抽1大勺、老抽1大勺、糖2小勺、盐半小勺

腊肉怎么蒸才软嫩、咸香可口？

制作熟腊肉之前，要先把腊肉入锅蒸。腊肉在锅中蒸的时候，中途不要开盖，蒸锅中的大量水蒸气，会将腊肉蒸软，便于做菜。蒸完的腊肉表面会附有一层油脂，吃起来更具肉香味。

制作方法

腊肉洗净，放入蒸锅中，大火蒸10分钟；将蒸软的腊肉切成片状，备用。

鲜茶树菇切除根部，放入清水中浸泡15分钟，再次清洗干净。

葱、姜、蒜洗净、去皮，切片；香芹、青蒜均洗净，切段；红辣椒洗净、对半切开；白洋葱洗净，切丝。

锅中倒入1大勺油烧热，放入茶树菇，炒至水分蒸发后，盛出备用。

锅中再倒入1大勺油，放入花椒小火煸香，捞出花椒；接着倒葱姜蒜片、红辣椒和辣妹子辣酱，中火爆香。

放入腊肉片，翻炒至腊肉出油、肥肉部分呈透明状。

接着放入茶树菇，大火翻炒均匀。

加入生抽、老抽、糖、盐调味，继续翻炒。

最后将青蒜段、香芹段、洋葱丝倒入锅中，淋入香油，翻炒均匀，就可以出锅啦。

小炒有机菜花

材料： 五花肉1块（约200g）、菜花半个、青椒半个、胡萝卜半根、葱1段、姜1块、蒜3瓣

调料： 油2大勺、淀粉1大勺、料酒2大勺、盐3小勺、糖1小勺、生抽1小勺

制作方法

1. 五花肉洗净，切除筋膜后，切成3cm宽的薄片。

2. 五花肉片中加入淀粉、1大勺料酒和1小勺盐，腌制20分钟。

3. 青椒去蒂、洗净，切成菱形片；胡萝卜洗净、去皮，切成菱形片。

4. 葱洗净，切成葱花；姜、蒜均洗净，切成薄片。

5. 菜花放入清水，加1勺盐，浸泡15分钟后，淹干水分，掰成小朵、洗净。

6. 锅中加水，大火煮沸，放入菜花，焯烫至变色后，捞出，过凉，淹干水分。

7. 炒锅内加油，大火烧至六成热，放入葱姜蒜，煸炒至出香味。

8. 放入五花肉片，倒入料酒，煸炒出油后，倒入菜花，翻炒均匀。

9. 再加入盐、糖、生抽调味，最后，放入青椒、胡萝卜，翻炒片刻，即可出锅。

有机菜花的质地细嫩、柔嫩可口，容易被消化吸收，
适宜于老人、小孩和脾胃虚弱、消化功能不强者食用。

中级难度 25 分钟 2 人份

韩国泡菜炒饭

材料： 韩国泡菜半碗、香葱1根、生菜2片、鲜虾4只、玉米粒1大勺、白米饭1碗

调料： 油2大勺、韩式辣椒酱1大勺、盐半小勺、糖1小勺

泡菜怎样处理才清新、爽脆？

泡菜的腌汁通常会有苦咸味，所以在切碎以后可以挤干水分再入锅炒，也可以避免米饭口感黏腻；为了保持泡菜的香辣爽脆口感，泡菜和虾都不宜炒得太久，应用大火翻炒，快速出锅。

“大部分海产类尤其是虾类，都含有丰富的蛋白质。
而且虾肉软嫩、易消化，同时还富含钙、磷、铁等矿物质元素。
海虾还富含碘质，可以防治甲状腺肿大，对人类的健康大有裨益。”

制作方法

泡菜切碎；香葱洗净，切末；生菜洗净，切丝。

鲜虾洗净，剪去虾脚。

再剪去虾头，将虾壳去掉。

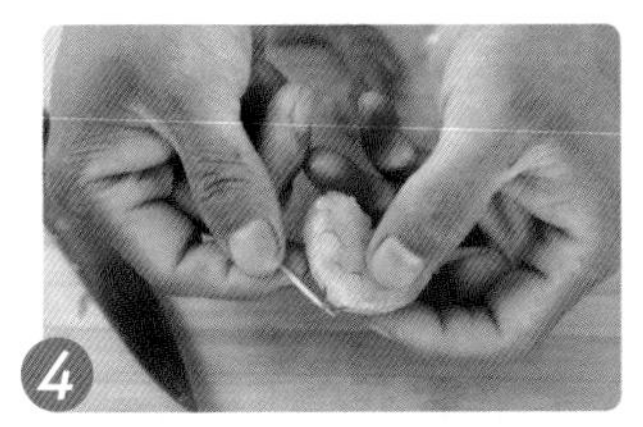

接着用牙签剔除鲜虾的肠泥。

锅内倒2大勺油，中火烧热，放入葱花爆香。

然后放入鲜虾翻炒，炒至鲜虾变色。

接着放入韩式辣酱和泡菜炒匀、调味。

将玉米粒、米饭倒入锅内，用锅铲压散，并均匀。

翻炒均匀后，加盐、糖调味，撒入生菜丝，搅拌均匀即可出锅。

胡萝卜青豆炒饭

材料： 鲜虾3只、火腿1块(约50克)、鲜香菇2朵、胡萝卜1/3根、葱白1段、鸡蛋1个、青豆1大勺、白米饭1碗

调料： 油4大勺、盐1小勺、生抽1小勺、香油1小勺、白胡椒粉1小勺

初级难度　20 分钟　1 人份

胡萝卜青豆炒饭怎么做才清爽好吃？

胡萝卜青豆炒饭要粒粒分明，就要大火快炒，胡萝卜、青豆等不易熟的食材要预先做熟，鲜虾需要去除肠泥，否则炒出的饭带有腥气。食材预处理后，再与米饭混合，大火快炒出锅，味道才鲜香四溢。

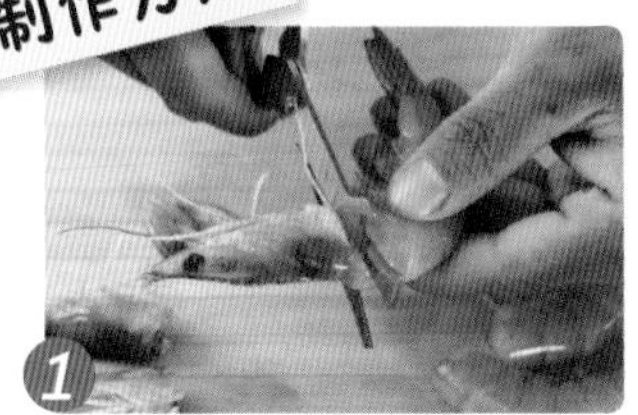

1 鲜虾洗净，用剪刀剪去虾头、虾尾、虾脚，剥去虾壳，并用牙签剔除虾线。

2 火腿、鲜虾、鲜香菇、胡萝卜分别洗净，切丁；葱段洗净，切末；鸡蛋打成蛋液。

3 锅内加水煮沸，倒入青豆焯水30秒后，捞出、过凉、沥干，备用。

4 锅内加入2大勺油烧热，中火煸香胡萝卜丁、火腿丁、香菇丁。

5 接着倒入鲜虾丁翻炒，待鲜虾变色后盛出，备用。

6 锅内再加2大勺油，大火烧热，倒入蛋液，等鸡蛋稍微成型后，立即搅散。

7 加入米饭，大火快速翻炒均匀，直至米饭粒粒松散，色泽光亮。

8 接着放入处理好的火腿丁、鲜虾丁、青豆、香菇丁、胡萝卜丁，加盐翻炒1分钟。

9 最后，沿锅边淋入生抽、香油，撒上胡椒粉和葱花，炒匀即可出锅。

洋葱咖喱炒饭

材料： 青、红椒各1/3个，洋葱1/3个、香葱2根、鸡蛋1个、冷冻虾仁2大勺、白米饭1碗

调料： 油4大勺、咖喱粉1大勺、盐1小勺、白胡椒粉1小勺

咖喱炒饭怎么做才会咖喱味浓？

要想炒出香浓的咖喱味，有独到的秘诀：炒咖喱菜时，要先爆香姜粒、蒜片，炒出香味后，再下入咖喱粉炒香。咖喱粉带有药味，若直接加在菜肴中，无法去除药味，要先炒香咖喱，菜肴才会别有风味。

制作方法

1 青、红椒洗净，去蒂，切成小丁。

2 洋葱去皮、洗净，切成末；香葱洗净，切成葱花。

3 鸡蛋打入碗中，用筷子搅散成蛋液。

4 虾仁化冻后去除肠泥、洗净、焯水，备用。

5 炒锅加2大勺油，大火烧热，倒入蛋液，成形后立刻划散、盛出。

6 炒锅再倒入2大勺油，下入洋葱末，中火煸炒，接着加1大勺咖喱粉炒香。

7 煸出香味后，将焯烫好的虾仁入锅，以中火继续翻炒。

8 然后转大火，倒入青红椒丁、炒好的鸡蛋，一起翻炒均匀。

9 米饭倒入锅中，转中火炒散米饭，加盐、胡椒粉调味，炒匀后，撒入葱花，即可。

味浓料足
——蒸炖蔬菜料理

原始风味的蒸炖蔬菜料理，
营养清淡的什锦蒸蔬菜，鲜甜绵密的蜜汁南瓜，
鲜味十足的海米烧冬瓜，菜香汤鲜的上汤娃娃菜，
蔬菜最原始的风味，鲜到你没话说。

炒糖色时要用小火，
避免炒煳发苦；小火慢炖
可使肉块酥烂，
蔬菜入味。

蔬菜的蒸煮秘诀

用蒸煮的方式烹饪蔬菜最能保持蔬菜的原味，
蒸煮过的蔬菜饱含水分、味道清淡，非常适合瘦身减肥人士食用。
想做一道好吃的蒸煮菜并不简单，那么有哪些妙招我们可以学习呢？
一起来看看吧。

个别食材预处理

蒸煮法虽然是通过热水蒸气或者热水将蔬菜加热至熟，但个别蔬菜如土豆、胡萝卜等并不容易成熟，此时需要将这些比较难熟的食材预处理，切成小块或者条状，可节省时间。此外，干香菇、黄花菜、笋干等干货的预处理，最好用冷水将其泡发，如果用热水的话，会减弱它们特有的香味。

过油保持好形状

土豆、芋头等食材，有时经过蒸煮处理的蔬菜会变得软化、煳烂，会失去原有的形状与口感。蔬菜蒸煮前，可以先将其过油，使其定型后，再放入锅中蒸煮，这样能避免食材煳化，做出的料理也既好看又好吃。

煮的时候有妙招

水煮蔬菜时要注意两个要点，一是注意煮菜所添加的水量，添的水不能太少，要使水面没过食材，这样才能使水中的食材均匀受热，做出的菜肴口感一致；二是要注意食材下锅顺序，不容易熟的蔬菜先放，容易熟的蔬菜后放，避免食材熟度不同。

手撕茄条

材料： 绿尖椒1根、红尖椒1根、蒜2头、香葱3根、长条茄4个

调料： 油3大勺、生抽1大勺、白糖1小勺、盐半小勺、蒜蓉辣酱3大勺、香油1小勺

手撕茄条怎么做更清爽？

将茄条放入加了白醋和盐的开水中浸泡，这样蒸出的茄子颜色鲜亮不变黑；撕茄子时，不要撕得太细，会丢失口感；口味重的朋友可多放蒜末，还可淋入芥末油提味。

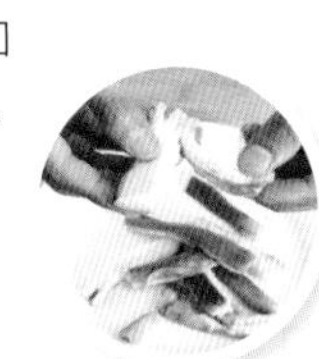

制作方法

1. 红绿尖椒洗净、去蒂、去籽，切碎；蒜去皮，切末；香葱洗净，切成葱花。

2. 长条茄洗净，放入蒸锅中，大火蒸熟后，放凉。

3. 然后将放凉的茄子撕成条状，加入葱花、生抽、糖、盐拌匀。

4. 炒锅烧热，倒入3大勺油，放入红绿尖椒末和蒜末，小火炒香。

5. 接着放入蒜蓉辣酱，炒出辣酱香味后关火，做成酱料。

6. 最后，将炒好的酱料浇在撕好的茄条上，淋入香油，拌匀即可食用。

海米烧冬瓜

材料： 冬瓜1块(约200g)、海米半袋(约35g)、温水1碗、葱白1段、姜1块

调料： 油4大勺、料酒2大勺、盐1小勺、蚝油1大勺、清水1碗

冬瓜去皮、洗净，切片。

海米洗净，用温水浸泡10分钟后，捞出、滗干，泡海米的水留用。

葱白洗净，切末；姜去皮，切末。

炒锅烧热，加入2大勺油，放入冬瓜片，翻炒2分钟，盛出。

锅中再加2大勺油，下入葱、姜、海米、料酒，中火快速翻炒。

然后放入冬瓜片，炒匀。

倒入泡海米的水，大火煮至汤汁沸腾，然后转小火煮15分钟。

然后加入盐、蚝油调味，翻炒均匀。

最后，加盖焖5分钟，将汤汁略微收干即可。

泡海米的水中带有海米的鲜味，做菜时倒入锅中，可以提味增鲜；
干海米具有浓烈的腥味，泡水后仍然要加料酒煸炒，
随着料酒的挥发，可去除腥气，这样烧出的冬瓜海米才会鲜香入味。

初级难度 30 分钟 2 人份

上汤娃娃菜

材料：娃娃菜2棵、大蒜5瓣、香葱1棵、皮蛋1个、火腿1块、虾仁半碗、枸杞适量

调料：油1大勺、鸡汤1碗、盐1小勺、水淀粉1大勺、香油1小勺

上汤娃娃菜怎么做才鲜香味美？

娃娃菜要经焯水、过凉、滗干这三道程序，口感才会清爽，也更易入味。熬制鲜汤的时候，先用蒜粒爆香，带有蒜香味的汤，与娃娃菜能融合出独特的香气，再放入鲜虾仁，汤的鲜味又上升了一个档次。

娃娃菜具有养胃生津、利尿通便、清热解毒的功效，
其中维生素和矿物质含量丰富，维生素 C 含量最多，
维生素 C 能促进人体新陈代谢，增强抵抗力，降低胆固醇。

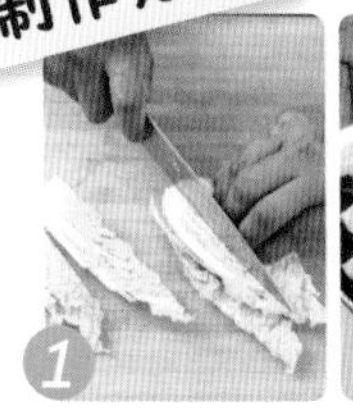

娃娃菜洗净，每棵娃娃菜均纵向切成4瓣，焯水、过凉，备用。

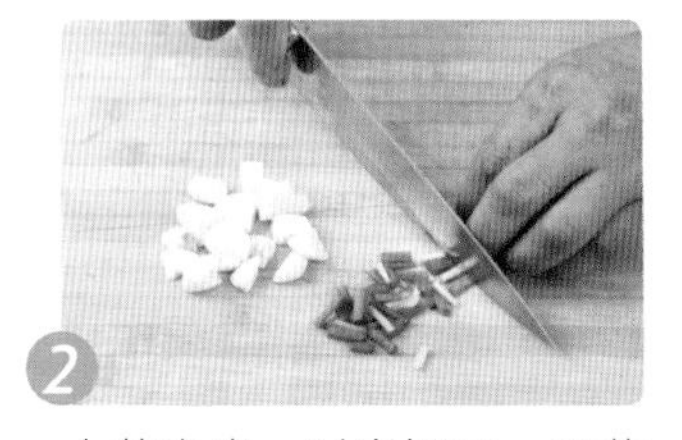

大蒜去皮、对半切开；香葱洗净，切成1cm长的段状。

皮蛋去壳，切丁；火腿切丁；虾仁洗净，备用。

炒锅中加1大勺油，下入蒜粒、香葱段，中火炒香。

待蒜粒色泽微黄时，放入虾仁，炒至颜色透明。

倒入1碗鸡汤，大火煮沸。

汤沸后，放入娃娃菜，再次煮开后，转小火煮，加盐调味，煮至菜变软。

然后放入火腿丁和皮蛋丁，混合均匀。

最后，加水淀粉勾芡，撒上枸杞、淋上香油，搅拌均匀就完成了。

什锦蒸蔬菜

材料： 白菜1/4棵，菠菜、油麦菜各2棵，大蒜3瓣、胡萝卜半根、紫薯1个、面粉2大勺、玉米粉3大勺

腌料： 油2大勺、盐1小勺

调味汁料： 盐1小勺、醋2大勺，香油、生抽各1小勺

制作方法

1. 白菜洗净，撕成6cm长的片状；菠菜洗净，切除根部；大蒜去皮，切末。

2. 将白菜、油麦菜和菠菜切成6cm长的条状；胡萝卜、紫薯去皮、洗净，分别切成6cm长的条。

3. 将胡萝卜、紫薯条放入滚水中焯水2分钟后，将所有蔬菜条加入腌料，拌匀。

4. 接着加入面粉、玉米粉，使蔬菜条每面都沾裹均匀。

5. 蒸锅中加水烧开，冒出蒸汽后，放入蔬菜，用大火蒸2分钟后，关火。

6. 将蒜末和调味汁料混合，蘸食或淋在蔬菜上均可。

蒸蔬菜怎样做才能营养、鲜嫩？

蒸制蔬菜前，先用油抓匀蔬菜，使食用油包裹在蔬菜表面，再加盐腌制，避免盐分使蔬菜失水，而导致蔬菜口感尽失。腌制时，尽量少用辛辣味重的调味品，否则会遮盖蔬菜本身的鲜甜味。

初级难度
15 分钟
3 人份

蒜香肉酱蒸菇

材料：杏鲍菇2根、鲜香菇1朵、大蒜2瓣、小红椒1根、香菜1根

调料：香菇肉酱半碗、香油1小勺

制作方法

1 杏鲍菇洗净，切成厚片；鲜香菇洗净，切片，备用。

2 大蒜去皮、拍扁，切片；小红椒洗净、斜切成片；香菜洗净，切段。

3 将杏鲍菇片、香菇片、蒜片和小红椒片叠放入碗中，加入调料。

4 在碗上覆盖一层保鲜膜，准备蒸制。

5 蒸锅中加水，放入蒸碗，大火蒸10分钟。

6 最后，撒上香菜，即可。

蒜香肉酱蒸菇怎么做才清爽鲜香？

为了保持杏鲍菇弹韧，请不要将杏鲍菇切得太薄，不然蒸出来的杏鲍菇会失去口感；取用香菇肉酱时，最好将肉酱中的油脂滗出，这样蒸出的杏鲍菇才不会过于油腻，能保持菜肴的清爽味道。

初级难度 20 分钟 3 人份

茄汁鱼块蒸白菜

材料： 大白菜1/4棵、鲜香菇2朵、大蒜2瓣、红辣椒1根、茄汁鱼罐头1罐、香菜1大勺

调料： 香油1小勺、白醋1小勺、糖1小勺、盐半小勺、白胡椒粉半小勺

制作方法

1 大白菜洗净，手撕成块；鲜香菇洗净，切片；大蒜拍扁、去皮，切片；小红椒洗净，切片。

2 打开茄汁鱼罐头，将鱼块切成片，茄汁留用。

3 取一个盘子，放入白菜叶、香菇片、蒜片、小红椒片，加入所有调味料。

4 然后摆放上鱼片，淋入茄汁，准备蒸制。

5 盘子上覆盖保鲜膜，放入蒸锅大火蒸10分钟。

6 最后，撒上香菜，即可。

茄汁鱼块蒸白菜怎么做才酸香入味?

白菜含有水分，蒸制过程中会大量出水，因此不必再添加多余液体调味料；香菇是吸汁食材，因此要最后淋入茄汁，使香菇在蒸制过程中能吸收茄汁滋味；茄汁鱼片本身具有咸味，所以只需加少许盐提鲜即可。

初级难度
20 分钟
3 人份

玉米豇豆乱炖

材料：胡萝卜1根、土豆1个、葱白1段、姜1块、豇豆1把、玉米2根、五花肉1块（约200g）、花椒1小勺、大料2颗、开水2碗

调料：油4大勺、糖1大勺、酱油3大勺、盐1小勺

1 胡萝卜、土豆均去皮、洗净，切滚刀块；葱白、姜均洗净，切片，备用。

2 豇豆洗净，切成10cm长的段；玉米洗净，切成5cm宽的块。

3 将豇豆段和玉米段放入滚水焯烫至熟，捞出、沥干。

4 五花肉洗净，切块，放入冷水中，大火加热至水沸，去除血沫后，捞出、沥干。

5 炒锅中倒油，放入糖，小火炒至糖变成棕红色。

6 然后放入五花肉翻炒，使五花肉块上色。

7 加入酱油、花椒、大料、葱段、姜片、开水，用大火煮沸后，转小火炖40分钟。

8 然后加入玉米段、豇豆段、胡萝卜块、土豆块，继续炖10分钟。

9 最后，炖至汤剩余1/3时，加盐调味，即可出锅。

预先将豇豆和玉米焯烫至熟，可使其更易入味，更软烂好吃；
五花肉要放入冷水中慢慢加热，才能彻底地去除肉腥味；
炒糖色时要用小火，避免炒煳发苦；
小火慢炖可使肉块酥烂，蔬菜入味。

中级难度　1 小时　3 人份

蜜汁南瓜

材料： 小金瓜半个、红枣10颗、鲜百合1大勺

调料： 蜂蜜4大勺

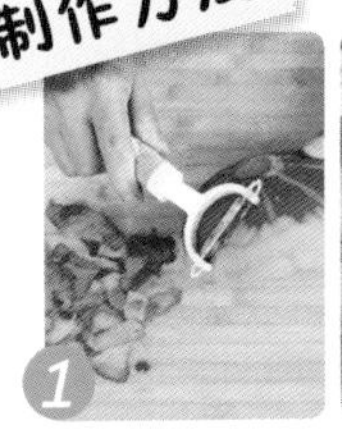
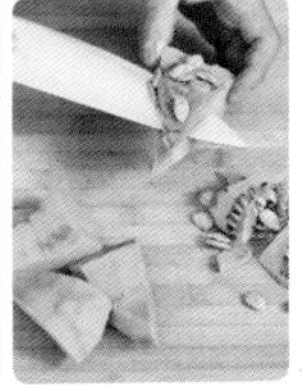

1 小金瓜洗净、去皮，切块、去瓤，备用。

2 红枣洗净、浸泡、去核；百合洗净，备用。

3 南瓜块按南瓜造型摆放在盘中，撒上红枣、百合。

4 往南瓜上淋入2大勺蜂蜜。

5 然后将南瓜放入蒸锅内，大火蒸20分钟至熟。

6 最后，倒出盘中的水即可。

蜜汁南瓜怎么蒸才更加香甜？

小金瓜比普通南瓜更加绵软香甜，制作这道菜最好选用外皮金黄的小金瓜；蒸南瓜之前，可事先在生南瓜上用牙签扎出小孔，然后再淋入蜂蜜，可使蜂蜜渗入南瓜，使蒸出的南瓜更加好吃。

初级难度
20 分钟
2 人份

农家吉祥三宝

材料： 南瓜1块（约200g）、豆角1把、土豆1个、面粉1碗

调料： 麻酱4大勺、蒜泥2大勺、辣椒酱半大勺、醋2大勺、盐半小勺

“豇豆富含 B 族维生素、维生素 C 和植物蛋白，可以调理消化系统；南瓜中含有果胶，可以保护胃黏膜，加强胃肠蠕动，帮助食物消化。”

制作方法

1 南瓜去皮，切成丝。

2 豆角洗净，切段。

3 土豆去皮，切丝、洗净、淹干，备用。

土豆裹面粉前一定要淹干水分

4 将南瓜丝、豆角段、土豆丝分别裹上面粉。

5 将三样菜放在盘子，放入蒸锅中，蒸15分钟后取出。

6 最后，将所有调料混合拌匀，淋在蒸菜上，或者用蒸菜蘸食即可食用。

吉祥三宝怎么做才清爽开胃？

蒸菜的品种可以自由选择，菠菜、油麦菜等绿叶蔬菜也可以用来制作蒸菜。蒸菜要求口感清爽，例如土豆之类的食材，洗净后要彻底淹干，然后再裹匀面粉，不然会黏成面坨，影响食用口感。

什锦蘑菇焖饭

材料：大米1碗（约半斤）、干香菇7朵、胡萝卜半根、大葱1段、大蒜2瓣、豆角3根、袖珍菇7朵

调料：油2大勺、盐1.5小勺、酱油1大勺、料酒2小勺、胡椒粉1小勺、香油1小勺

什锦蘑菇焖饭怎么做才更鲜香入味？

焖饭前，要先将蘑菇等各种食材炒至半熟。待添加酱油、胡椒粉等调味料后，要多炒几分钟，因为蘑菇是吸汁的食材，炒久一点可以使蘑菇充分入味，如此最后加水焖煮，焖出来的米饭才鲜香入味。

“蘑菇不但味道鲜美，所含有的蛋白质和氨基酸均高于一般蔬菜，
并有‘素中之荤’的美名。蘑菇中含有多种维生素，
能减少人体对碳水化合物的吸收，是日常生活中不可缺少的健康食品。”

大米淘洗干净，加水浸泡20分钟。

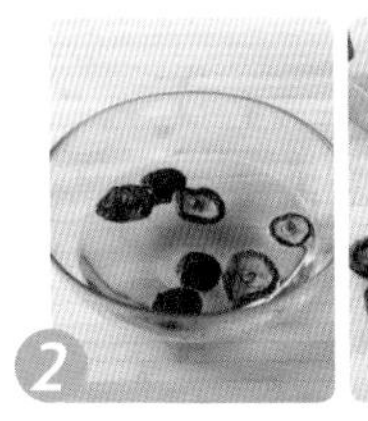

干香菇泡发、洗净，切丝。

胡萝卜去皮、洗净，切丝；葱、蒜去皮、洗净，切片；豆角去根、洗净，切丁；袖珍菇洗净，切丝。

炒锅内放入2大勺油，下葱片、蒜片，小火炒出香味。

放入胡萝卜、豆角、袖珍菇、香菇，转中火，翻炒2分钟。

将泡好的大米放入锅中，翻炒均匀。

然后加入盐、酱油、料酒、胡椒粉炒匀，使食材都裹上调料颜色。

往锅中倒入开水，水量以没过所有食材为准。

最后，盖上锅盖，小火焖至汤汁收干，撒上葱花，淋入香油，拌匀，即可食用。

香菇芋头焖饭

材料： 荔浦芋头1块（约200g）、干香菇3朵、海米2大勺、大米半碗、长糯米半碗、开水2碗

调料： 油3大勺、盐1.5小勺、糖1小勺、胡椒粉1小勺、生抽2大勺

芋头削皮至露出紫丝后，切成1cm见方的小丁，放入水中浸泡。

干香菇泡发、洗净，切丁；海米泡软、洗净；大米和长糯米用水浸泡30分钟。

炒锅中加入3大勺油，中火烧热，下入香菇、海米煸香，再放入芋头一起翻炒。

倒入滗干水分的大米、长糯米，中火翻炒均匀。

接着撒入盐、糖、胡椒粉，淋入生抽及香菇水调味。

把所有的材料放入电饭煲中，加入2碗开水，煮熟即可食用。

芋头口感松软的诀窍是什么？

芋头以结实、无斑点为佳，削芋头皮时，将外部白色厚皮削去，直至露出紫丝再切块，口感才会松软；糯米不易熟，故煮前浸泡可减少米饭焖煮时间，芋头易吸汁，和大米同煮时要斟酌水的用量，不要水量太少。

芋头中氟的含量很高，氟具有保护牙齿的作用，
芋头还含有黏液蛋白，被人体吸收后形成免疫蛋白，
可提高免疫力，防毒消瘀。

中级难度　40 分钟　2 人份

茄子香菇焖面

材料： 葱1段、蒜1头、干香菇4朵、茄子1个、手擀面1把（约150g）、香葱花1大勺、辣椒粒1大勺

调料： 油4大勺、老抽1小勺、黄豆酱1大勺、开水3碗、盐半小勺

调味汁： 生抽1小勺、蚝油1大勺、醋半大勺、糖1大勺、开水2大勺

怎么做才能使面条更加鲜香入味？

茄子香菇焖面融合了茄子和香菇的鲜香，口感丰富。烧制时，加入适量清水，煮制片刻后，盛出部分汤汁，边焖煮边分多次淋上面条，待收干后，茄子和香菇的味道能自然兼容，并可使面条更加入味。

制作方法

1. 葱切成葱花；一半的蒜切成蒜末；其余蒜捣成蒜蓉。

浸泡可使茄子减少吸油量

2. 干香菇泡发，切块；茄子洗净、去蒂，切滚刀块，浸泡15分钟。

3. 将蒜蓉和调味汁混合拌匀后，制成淋酱汁，备用。

4. 锅中放4大勺油，加入葱花、蒜末，再倒入老抽和黄豆酱，小火炒香。

5. 放入茄子，转中火翻炒，使茄块均匀地被酱料包裹，再加入香菇继续炒匀。

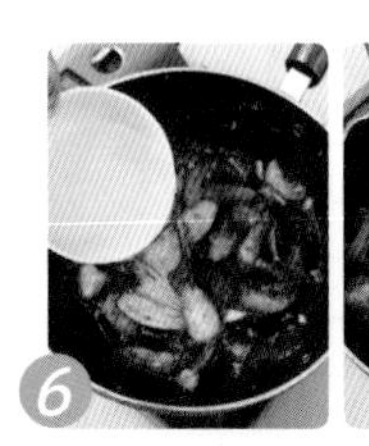

6. 倒入2碗开水，加盐调味，大火煮沸后，盛出一半的汤汁，备用。

7. 将手擀面倒入锅中拌匀，加盖，转小火煮3分钟。

多次淋入酱汁，可使焖烩出的面条更加入味

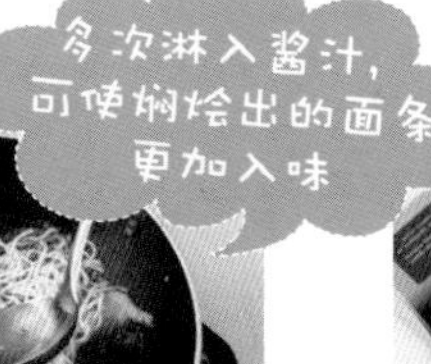

8. 浇上所盛出汤汁的一半，继续加盖焖煮2分钟，再重复1次此动作。

9. 将面条拨散，待汤汁被面条吸收后，淋入酱汁拌匀，撒入葱花、辣椒粒，即成。

罗宋蔬菜汤

材料： 土豆半个、胡萝卜半根、卷心菜1/4个、红肠1根、西红柿1个、洋葱半个、芹菜2根、牛肉半斤、葱5片、姜3片

调料： 食用油5大勺、奶油5大勺、番茄酱5大勺、盐2小勺、糖1小勺、胡椒粉半小勺

1. 土豆、胡萝卜洗净、去皮，切小块；卷心菜洗净，切成菱形片；红肠切丁；西红柿洗净、去蒂，切块。

2. 洋葱洗净，切丝；芹菜撕去老筋，切成小丁，备用。

3. 牛肉洗净，切块，放入冷水中，加葱姜片，开大火煮沸，撇沫，然后转小火炖1小时。

4. 炒锅用中火烧热，放入油和奶油炒化，放入土豆块、胡萝卜、红肠，炒香。

5. 加番茄酱和1小勺盐，再放入其他蔬菜，煸炒2分钟后，倒入牛肉汤。

6. 接着转小火继续炖煮30分钟，加入糖、胡椒粉和其余盐调味，即可食用。

罗宋蔬菜汤怎么做才味香不油？

做罗宋蔬菜汤时，需先将牛肉加葱姜水炖熟，保证牛肉软烂不腥，才可熬出鲜美的滋味；牛肉汤油脂较多，若觉得油腻，倒入蔬菜前，再添少量开水即可；若想圆白菜的口感更脆，可以于调味前再放入锅中，稍微烫熟即可。

牛肉中富含蛋白质、氨基酸以及锌、镁、铁等多种微量元素，
常吃可保持身体强壮，提升肌肉量，
与多种蔬菜同吃，不仅具有强身健体的功效，
蔬菜中的膳食纤维还能帮助人体消化，促进肠道排毒。

中级难度　1 小时 30 分钟　2 人份

清爽到底
——凉拌蔬菜料理

最受欢迎的凉拌蔬菜料理，
香甜绵口的桂花糯米藕，酱汁浓稠的四鲜烤麸，
苦中带甜的蜜汁苦瓜，口感黏稠的速拌秋葵，
凉拌蔬菜，就是要清爽到底！

芦笋拌虾仁

大丰收通常采用
当季的食材制作，处理配菜时，
食材不应切得太碎，不然会
损失蔬菜的口感
和清鲜味。

蔬菜的凉拌秘诀

凉拌是最简单省事又美味的蔬菜料理方式，
凉拌法不仅不会破坏食材原有的口感和清香，
还能通过添加其他调味料，来调制酸甜、咸鲜、麻辣等每个人喜爱的不同口味，
这也让凉拌菜成为了最家常的蔬菜料理之一。

蔬菜烫过更漂亮

用来制作凉拌菜的蔬菜大多是叶菜类或根茎类，将它们切好后，放入滚水中焯烫，可以使原始的颜色更加翠绿，口感也变得爽脆起来。焯烫时，往沸水中加入少许盐和几滴油，还能带出蔬菜原有的甜味。

焯烫后冰镇淋油

虽然蔬菜经过焯烫会变得更绿，但是捞出后会因为氧化而变黑，让人没有食欲。因此，焯烫后立即泡入冷水，既可以保持颜色，又可以使蔬菜更加清脆。冰镇一段时间后将其滗干，然后淋入少许油，可以让蔬菜吃起来更美味。

现拌现吃才美味

凉拌的蔬菜如果放置太久，蔬菜会出现出水的状况，若太早加入调味汁，会淡化调味汁的味道。因此，除非是例如韩式泡菜、腌黄瓜等需要腌渍入味的蔬菜料理，大部分的凉拌菜最好现吃现调，这样可以保持蔬菜的原始风味。

银丝菠菜

材料： 菠菜1把、粉丝1把、清水适量、蒜末1大勺、凉白开水1大勺、熟花生米1大勺

调料： 盐1小勺、油1碗、料酒2小勺、香醋2小勺、香油2小勺、生抽1小勺

银丝菠菜怎么做才爽口？

菠菜含有草酸，食用前必须焯水；菠菜焯烫完后，泡入冷水过凉，然后捞出挤干水分，可使菠菜的口感更佳；如果口味较重，也可以淋入少许芥末油。

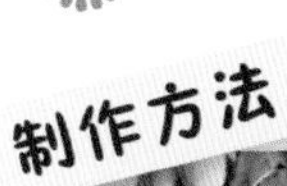

制作方法

1. 菠菜择掉老叶、洗净；粉丝泡水，变软后分切成段。

2. 煮锅中加入适量清水，加半小勺盐和油，大火煮沸，放入整把菠菜焯烫30秒。

3. 开锅马上捞出，立刻泡入冷水，然后切成4cm长的段。

4. 碗中放入蒜末和凉白开水，搅匀后静置5分钟。

5. 再加入料酒、醋、香油、酱油和剩余半小勺盐，混合成调味汁。

6. 将菠菜段放入盘中，加入花生米、粉丝段，淋上调味汁，拌匀即可。

清爽老虎菜

材料：香菜5根、尖椒1根、红辣椒半根、黄瓜1根、葱白1段

调料：盐1小勺、糖1小勺、香油2小勺、米醋1大勺

香菜去根、洗净，切成3cm长的段。

红辣椒和尖椒洗净、去蒂、去籽，斜切成丝。

黄瓜和葱白均洗净，切成细丝，备用。

将切好的香菜段、红辣椒丝、尖椒丝、黄瓜丝和葱丝混合。

加入盐、糖、香油和醋，搅拌均匀。

然后腌制10分钟，使食材入味，即可食用。

老虎菜怎么做才味鲜爽口？

老虎菜讲究追求辣椒原有的鲜辣和香菜的独特香味，所以不要用味道过重的调味品进行调味，以免破坏了其清鲜的原味；还可以加入少许虾皮，继续增强菜的鲜味，不过干虾皮要事先用油爆香，去除海鲜腥味。

香菜的气味独特，营养丰富，含有维生素 C、胡萝卜素等营养物质，同时还含有多种挥发油，人们闻到香菜味会提升食欲，开胃醒脾，具有促进肠胃蠕动，帮助人体消化吸收的诸多作用。

芦笋拌虾仁

材料： 蒜3瓣、红辣椒1根、黄甜椒1个、芦笋10根、虾仁8个

调料： 盐1小勺、糖1小勺、香油1小勺

制作方法

蒜拍扁、去皮，切末；红辣椒去蒂、去籽，切末；黄甜椒洗去蒂，切条。

放入凉开水中，口感清脆

芦笋削除根部老皮、洗净、切成斜段；放入沸水中，焯烫30秒、捞出、过凉。

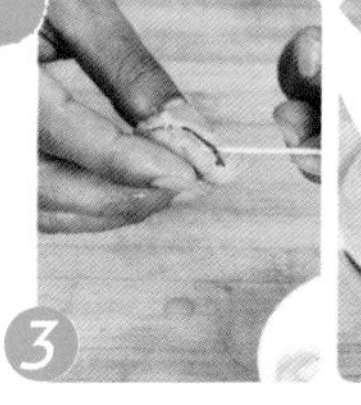

虾仁用牙签挑除虾线，洗净，放入淀粉。

用淀粉吸附虾仁杂质，口感更清甜鲜脆

揉搓虾仁，至淀粉颜色变灰，反复用清水洗净，对半切开，焯烫至变色，滗干。

虾仁中放入芦笋、黄甜椒、红辣椒末、蒜末，拌匀。

最后，加入盐、糖、香油，拌匀，即可食用。

芦笋拌虾仁怎么做才鲜美不腥？

虾线具有腥味，食用时一定要将其去除，以免影响虾仁鲜美的味道。可以用牙签从虾头和虾身的连接处向下数第 3 个关节处穿过，轻轻向外挑出虾线，也可以用刀将虾背横向剖开，将虾线直接取出即可。

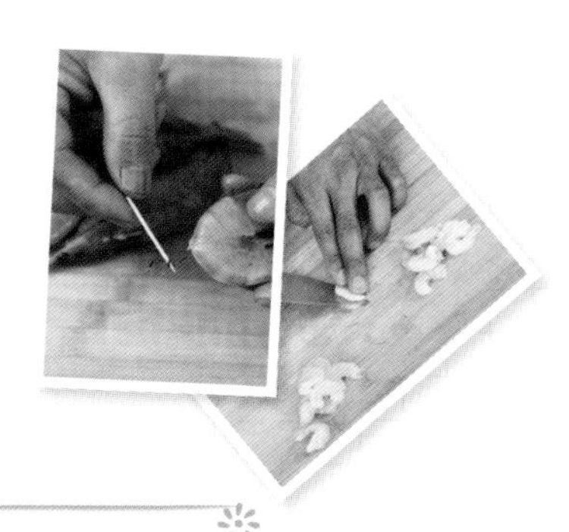

虾仁营养丰富，蛋白质含量是鱼、蛋、奶的数倍，钙含量很高。
虾中还含有丰富的镁，对心脏功能具有重要的调节作用，
能减少血液中胆固醇含量、防止动脉硬化，
同时还能扩张冠状动脉，有利于预防高血压。

大丰收拌菜

材料： 紫甘蓝1/4棵、生菜1/4棵、黄椒1/2个、红椒1/2个、黄瓜1/2根、樱桃萝卜5个、圣女果5个、干黑木耳3朵、油炸花生米1大勺

调料： 生抽1小勺、香醋2小勺、蚝油1大勺、盐1小勺、糖2小勺、辣椒油1小勺、香油1小勺

初级难度　15 分钟　3 人份

紫甘蓝含有丰富的维生素 C 和花青素，维生素 C 是体内抵抗氧化、增强抵抗力的主要元素，花青素更是抗氧化作用最强的营养素之一，因此常吃紫甘蓝对人的身体具有好的保健作用。

制作方法

1 除油炸花生米外的所有材料洗净，用淡盐水浸泡10分钟，捞出，滗干水分。

2 紫甘蓝、生菜、黄椒、红椒、黄瓜均切成0.3cm宽5cm长的细条。

3 樱桃萝卜、圣女果均切成两半，备用。

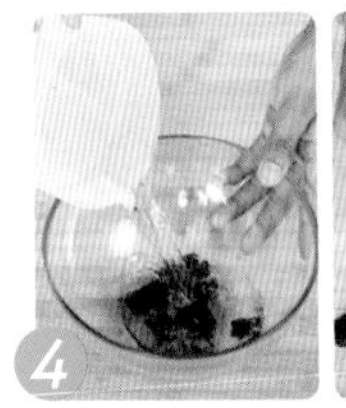

4 黑木耳用清水泡发、洗净、去除硬蒂，切成细条。

5 将所有调料混合，搅拌均匀，做成料汁。

6 在蔬菜中撒入油炸花生米，倒入料汁，拌匀即可。

大丰收拌菜怎么做才风味独特？

大丰收拌菜通常采用当季的食材制作，处理配菜时，食材不应切得太碎，不然会损失蔬菜的口感和清鲜味；除了拌菜的形式外，各种时蔬也可以蘸酱食用，把姜末爆香后，小火将甜面酱炒熟即成蘸酱。

蓝莓山药

材料： 山药1根、蓝莓果酱5大勺

调料： 冰糖3大勺、盐半小勺、蜂蜜1大勺、清水2大勺

制作方法

1. 山药去皮、洗净，切成条，备用。
2. 锅中加水煮沸，放入山药蒸熟，然后取出立即泡入冷水中，备用。
3. 汤锅中加水，放入蓝莓果酱和冰糖，用大火煮沸后转小火，熬至果酱浓稠。

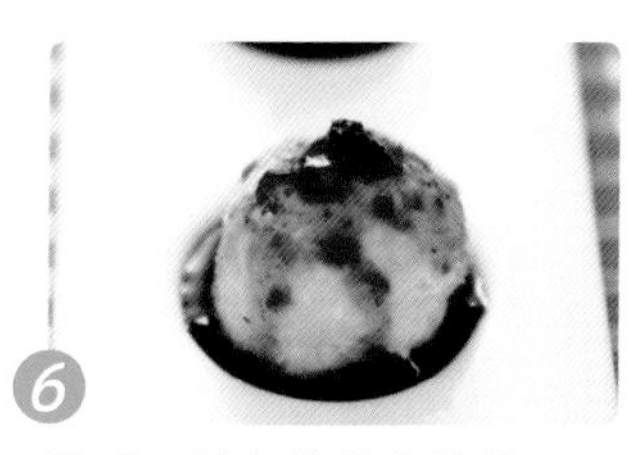

4. 接着加入蜂蜜，搅拌均匀，做成蓝莓山药酱。
5. 然后将蒸好的山药压成泥状，制成球状。
6. 最后，淋上蓝莓山药酱，即可食用。

蓝莓山药怎么做才香甜软糯？

山药去皮后，非常容易氧化而变黑，所以去皮后的山药应立刻蒸熟，并泡入冷水，防止山药变黑；山药蒸熟后压成泥食用，口感会更加软糯，如果想吃口感比较脆的山药，可将其切成条再蒸制，口感更佳。

初级难度
20 分钟
2 人份

桂花糯米藕

材料： 藕2节、糯米半碗

调料： 红糖3大勺、红枣8颗、糖桂花3大勺

中级难度 4小时 2人份

桂花糯米藕怎么做才软糯入味？

先将藕反复用流水冲洗，不断地灌水再倒出，保证藕中不存泥沙；蒸好的糯米藕最好在煮藕水中浸泡一夜，因为刚出锅的糯米藕不方便切片，浸泡一夜可使莲藕更充分地吸收甜味，使莲藕和糯米更加好吃。

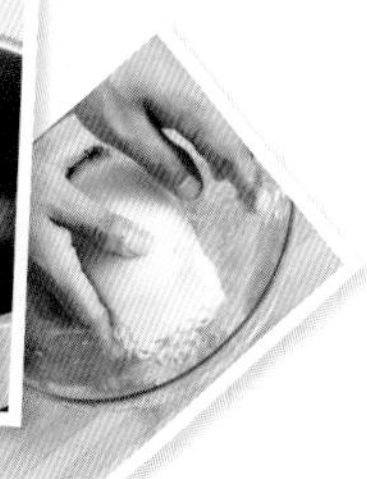

制作方法

1 糯米淘洗干净后，在清水中浸泡2小时。

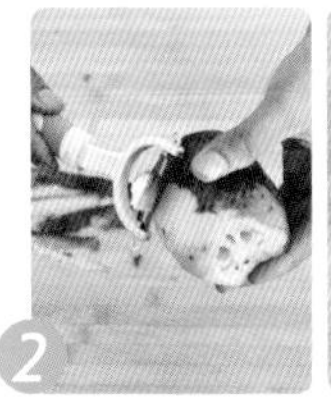

2 藕清洗干净，削去外皮，将藕的一头切下。

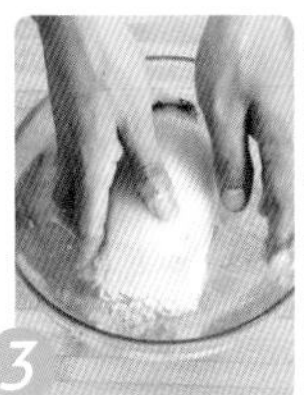

3 反复清洗藕孔，去除藕孔内的淤泥。将浸泡好的糯米塞入藕孔，塞到七分满。

4 用筷子从藕节末端捅入，将糯米塞紧。

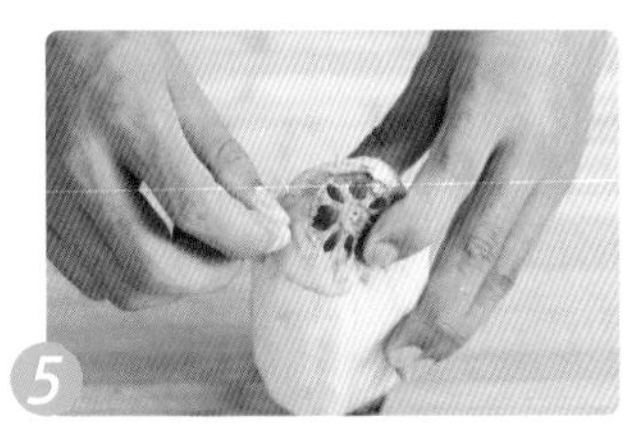

5 将切下的藕节合住封口，用牙签扎紧固定。

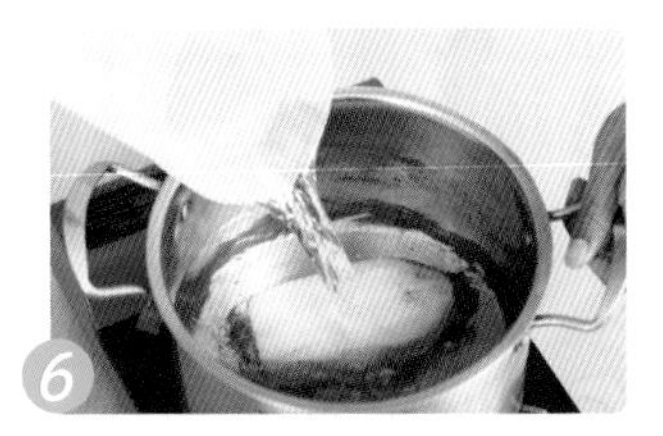

6 把灌好米的藕放入煮锅中，倒入清水，没过藕段。

7 放入3大勺红糖，大火煮沸后，转小火，炖煮1小时。

8 再放入红枣，小火继续煮40分钟。

9 将藕段切成0.5cm厚的片，淋上3大勺糖桂花，即可。

橙汁瓜条

材料：冬瓜1块（约400g）、甜橙1个、柠檬半个

调料：蜂蜜2大勺

1 冬瓜洗净、去皮、去瓤，切成1cm宽4cm长的条状。

2 甜橙、柠檬均洗净、去皮，切成片状。

3 锅中加水，大火煮沸，下入冬瓜条，再次煮沸后，捞出，过凉。

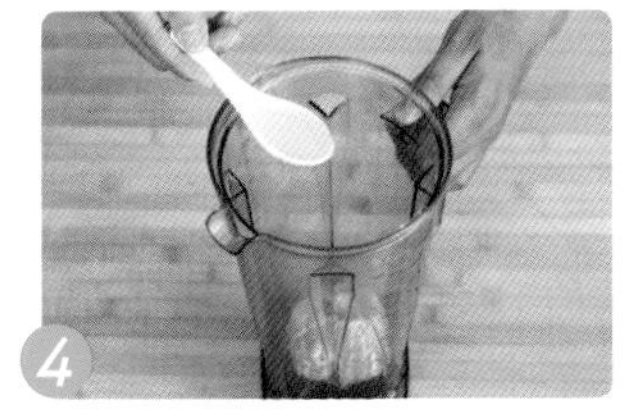

4 将3/4个甜橙用榨汁机榨成汁，加入蜂蜜、搅拌均匀。

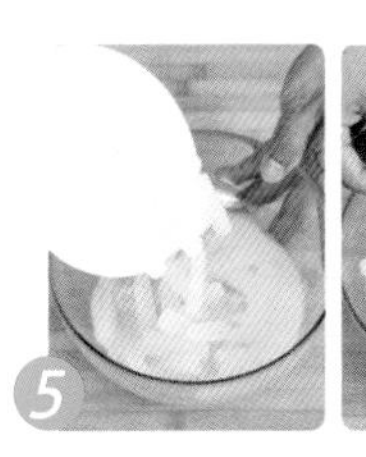

5 瓜条捞出、滗干水分，泡入调好的橙汁里，放入甜橙片、柠檬片。

6 覆保鲜膜，放入冰箱冷藏，至冬瓜条充分吸收橙汁，即可食用。

橙汁瓜条怎么做才脆爽入味?

橙汁瓜条口感脆爽的秘诀是：焯烫冬瓜条的时间一定要短，稍微烫至断生即可捞出，并马上泡入冷水，以保证冬瓜条爽脆的口感；泡入橙汁的冬瓜条一定要冷藏，一是让其充分吸收橙汁；二是增加冰凉的口感。

冬瓜含有多种人体必需的维生素和微量元素，
营养价值很高，它具有调节人体代谢、清热降火的作用。
中级难度
20 分钟
2 人份

姜汁豇豆

材料：豇豆1把、大蒜3瓣、红辣椒1根、姜1块

煮料：盐1小勺、油1小勺

调味汁料：醋5小勺、盐2小勺、糖2小勺、香油1小勺

初级难度 15 分钟 2 人份

豇豆富含维生素 B 和植物蛋白，能调理消化系统，消除腹胀、使人头脑冷静，有解渴健脾、益气生津的功效。
豇豆中的磷脂还有促进胰岛素分泌的作用，是糖尿病患者的理想食品。

制作方法

1 豇豆洗净，摆放整齐，切除豇豆两端的老根后，再切成5cm长的段状。

2 锅内加足量水和煮料煮沸后；放入豇豆焯水2分钟，捞出。

3 将焯过水的豇豆立即放入冷水浸泡、滗干，备用。

4 大蒜拍扁，切末；红辣椒洗净，切成辣椒圈；姜洗净，切末。

5 将调味汁料拌匀，放入姜末，使姜汁与调味汁融合。

6 将蒜末、辣椒圈撒入豇豆中，再淋上调味姜汁即可。

姜汁豇豆怎么做才姜味浓郁？

豇豆焯水之前，往锅内加入盐和油，焯出的豇豆颜色翠绿、口感脆嫩。为了使姜汁更好的与调味汁融合，切好的姜末一定要放入调味汁中，浸泡 5 分钟以上，这样姜末的味道才能彻底释放，增添菜肴的风味。

时蔬拌拉皮

材料： 里脊肉1块（约50g）、干黑木耳4朵、香菜1根、胡萝卜半根、红心萝卜半根、黄瓜半根、紫甘蓝1/4棵、拉皮1份、鸡蛋1个

调料： 油3大勺、水淀粉2大勺、料酒2大勺、生抽1大勺、芝麻酱2大勺、凉开水2大勺、醋2小勺、香油1小勺、蒜汁2小勺、盐1小勺

制作方法

1 里脊肉洗净，切成细丝，加入料酒、生抽、水淀粉，腌制10分钟，备用。

2 干黑木耳泡发后，去除硬蒂、洗净，切成细丝；香菜洗净，切成小段。

3 胡萝卜、红心萝卜、黄瓜、紫甘蓝均洗净，切成细丝。

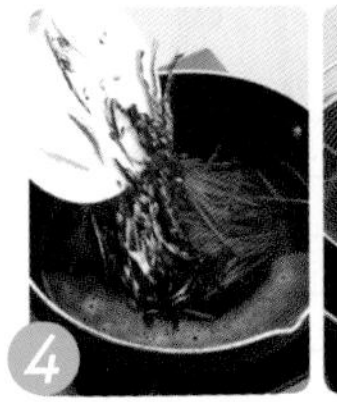

4 胡萝卜丝、木耳丝、紫甘蓝丝依次放入沸水，焯熟、捞出、过凉。

5 将拉皮放入温水泡软后，用沸水煮熟，过凉，备用。

6 鸡蛋打散，搅匀蛋液；炒锅中刷一层油，烧热后，倒入蛋液，摊成蛋皮；将蛋皮切成细丝。

7 芝麻酱中加入2大勺凉开水，搅拌均匀，再加入香油、生抽、醋、盐搅匀，做成麻酱料汁。

8 炒锅中加入2大勺油，大火加热后，倒入里脊肉丝滑炒，炒熟后盛出，备用。

9 将各种蔬菜丝及蛋皮均匀摆入盘中，铺上拉皮，放入肉丝。淋入麻酱料汁、蒜汁拌匀，即可食用。

市售的袋装拉皮有一股生味，用沸水焯熟后，可去除异味；
里脊丝事先用料酒、生抽腌制，能去除肉腥味，并使肉丝入味，
如果往肉丝中打入鸡蛋上浆，那么滑炒出的肉丝，口感会更加爽滑。

初级难度 30分钟 3人份

四鲜烤麸

材料：烤麸干1碗、干香菇4朵、黄花菜8根、干黑木耳5朵、冬笋4根、葱1根、姜1块、八角3颗、香叶2片

调料：油4大勺、老抽1小勺、盐1小勺、糖2小勺、香油1小勺

制作方法

1 烤麸干用清水泡发，洗净白色黏液，挤干水分，切块；干香菇泡发、洗净、去根、切小块，保留泡香菇的水；黄花菜泡发、洗净、滗干。

2 干黑木耳泡发、去除硬蒂、洗净、撕成小朵；冬笋洗净，切片；葱、姜均洗净，切片。

3 炒锅中倒油，中火烧至七成热，放入葱姜、八角、香叶，炒出香味。

4 放入烤麸，略微翻炒后，加入香菇、冬笋片、黄花菜、黑木耳炒匀。

5 再倒入老抽、糖和香菇水，中火翻炒至汤汁稠厚。

6 最后，淋入香油，翻炒均匀，即可盛出。

四鲜烤麸怎么做更入味？

泡香菇的水具有独特的香味，用来做菜可以增添菜肴的风味。烤麸易干，炒制时可多放一些底油，保证炒出的烤麸油润；烤麸是吸汁食材，所以汤汁一定要炒至浓稠，使咸鲜味更浓，让烤麸充分入味。

烤麸是小麦粉制成的面筋，其蛋白质含量高，含有钙、铁等物质。香菇、黄花菜、笋都属于山珍，具有鲜美的滋味和很高的营养价值。

初级难度 20 分钟 2 人份

姜汁藕片

材料： 莲藕1节、姜1块、小红椒3根、绿线椒1根

调料： 醋2大勺、酱油2大勺、香油1大勺、盐1小勺

“莲藕具有一种独特的清香，能增进食欲，促进消化，搭配上味道浓郁的姜汁，更有益于改善肠胃不佳、食欲不振等不良症状。”

1 藕去皮、洗净，切成3cm厚的片。

2 姜去皮、洗净，切末；小红椒和绿线椒均去蒂、洗净，切末，备用。

3 碗内放入醋、酱油、香油，兑成料汁。

4 锅内加水煮沸，放入藕片焯烫2分钟后，捞入盘中。

5 往藕片上加入姜末、红椒末、绿线椒末、盐，略微搅拌，加盖焖2分钟。

6 最后，淋上兑好的料汁，再次拌匀，即可食用。

姜汁藕片怎么做才清爽味浓？

藕中含有淀粉，切片后放入滚水焯烫，不仅可以去除淀粉，还能使藕片的口感变得更加清脆；姜末要在调味汁中多浸泡一会，使姜味融入到调味料汁中，这样搭配藕片才具有更好的风味。

蜜汁苦瓜

材料：苦瓜1根、冰水2碗、熟芝麻0.5大勺

调料：蜂蜜3大勺

苦瓜洗净、去籽，切片。

煮锅中加水煮沸，放入苦瓜片，焯烫2分钟。

然后立即捞出，放入冰水中过凉。

苦瓜片凉透后，捞出、滗干水分，拌入3大勺蜂蜜。

接着覆盖保鲜膜，放入冰箱冷藏30分钟，使口感更佳。

最后，在冰镇过的苦瓜上撒上芝麻即可。

蜜汁苦瓜怎么做才清爽？

新鲜的苦瓜苦味较浓，用沸水焯烫后可去除部分苦味，搭配蜂蜜时味道更佳；苦瓜经焯烫后立即过凉，还可以保持苦瓜清脆的口感；将淋过蜂蜜的苦瓜放入冰箱冷藏后，冰凉的口感更加受人喜爱。

初级难度
10 分钟
2 人份

三色金针

材料： 葱白1段、金针菇1把、红彩椒半个、青笋1段

调料： 盐2小勺、油1大勺、熟油1大勺、醋1大勺、生抽2小勺、香油1小勺

1. 葱白洗净，切成葱丝；金针菇切去根部、洗净，备用。

2. 红彩椒洗净、去蒂，切成细丝；青笋去皮、洗净，切成细丝，备用。

3. 锅中加入足量清水，加入1小勺盐、1大勺油，大火煮沸，放入青笋丝和红椒丝，焯熟、捞出、泡入冷水。

浸泡冷水可保持食材的口感

4. 然后借锅中热水，放入金针菇，快速烫熟后捞出，泡入冷水。

5. 将熟油、醋、生抽、香油、盐混合放入碗中，搅拌均匀，做成调味汁。

6. 捞出金针菇、青笋丝、红椒丝，滗干水分后，与葱丝一起放入盘中，倒入料汁拌匀，即可食用。

金针菇要怎么做才能好吃不塞牙？

要想使金针菇好吃，掌握好汆烫的时间很重要。金针菇在热水里汆烫的时间不要太长，焯烫 30 秒左右就要马上捞出。而在挑选金针菇时，挑选菌柄的长度在 15cm 左右，菌顶是半球型的最好。

金针菇含有人体必需的氨基酸，能有效地促进体内新陈代谢，
有利于营养素的吸收利用，且含锌量比较高，
对儿童的身高和智力发育有良好的作用。

初级难度 30 分钟 3 人份

爽口花菜

材料： 西兰花1/3个、花菜1/3个、紫洋葱1/3个、胡萝卜1/4根、黄彩椒半个、姜1块、蒜3瓣、香葱1棵、枸杞1大勺

调料： 油1小勺、盐3小勺、糖1小勺、醋2小勺、生抽1小勺、辣椒油1小勺、香油1小勺

西兰花和花菜可健脑壮骨、补脾和胃。
西兰花的钙含量可与牛奶相媲美，对降低骨质疏松都有一定作用。
花菜的维生素 C 含量极高，能提高人体的免疫功能，增加抗病能力。

制作方法

西兰花、花菜放入清水，加1小勺盐，浸泡1小时，洗净、掰成小朵。

紫洋葱洗净、去根，切成细丝；胡萝卜、黄彩椒均洗净，切成细丝，备用。

姜、蒜均洗净、拍碎，切成碎末；香葱洗净，切成葱花，备用。

锅中加入清水，放入1小勺油、1小勺盐，大火煮沸，倒入西兰花、花菜，焯烫2分钟，过凉，滗干水分。

将姜蒜末、1小勺盐、糖、醋、生抽、辣椒油混合，调匀，做成料汁。

将料汁浇入西兰花、花菜、洋葱丝、彩椒丝中，撒上葱花、枸杞，淋入香油，静置1小时后，即可食用。

西兰花怎么做才能清脆爽口？

焯烫西兰花时，锅内要先放入少许油和盐，这样焯出的西兰花比较油亮，然后将西兰花立即泡入冷水，使颜色保持鲜绿，口感清脆。用这个方法焯烫其他蔬菜也能起到保持颜色和口感的作用。

腰果脆芹

材料： 芹菜2根、大蒜3瓣、小红辣椒5根、腰果20个、花椒1小勺、干辣椒10根、白芝麻1小勺

调料： 油11大勺、香油1小勺、盐1.5小勺、糖半小勺

芹菜怎么处理口感才会清脆爽口？

要保持芹菜的脆爽，焯水时间以 2~3 分钟口感最佳。焯水后，立刻放入冷水中或通风处晾凉，这样做可以保持芹菜清脆的口感；此外，提味的花椒油在制作时，可多做些备用，方便随时可以取用。

“**腰果中维生素 B_1、维生素 A 含量丰富，有消除疲劳的作用，常吃腰果可以强身健体、强化免疫。**
芹菜的膳食纤维可促进肠道蠕动，腰果的油脂具有滋润肠道的作用，二者搭配食用，可以使肠道通畅。”

制作方法

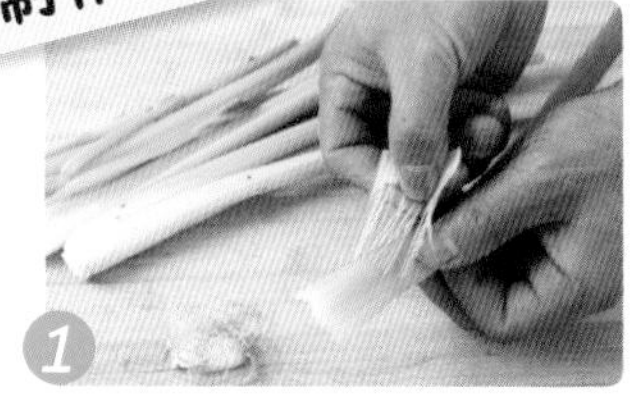

1 将芹菜根部由里向外折断，去除老丝，把芹菜洗净。

2 芹菜切成4cm长、0.5cm宽的长条。

3 大蒜去皮，切末；小红辣椒洗净、去蒂，切丝，备用。

4 锅内加水、1大勺油、1小勺盐煮沸，放入芹菜，焯水1分钟后，冷水过凉、滗干。

5 锅中加入10大勺油，放入腰果，开小火煸至金黄，捞出，备用。

利用余温将芝麻烘出香味

6 锅内留5大勺油，加入香油、花椒，小火炒香后，撇除花椒粒，放入干辣椒炸香，关火，撒入白芝麻，盛出、晾凉。

7 将芹菜放入碗中，加入糖和半小勺盐，搅拌均匀。

8 将干辣椒油淋入盛有芹菜的碗中。

9 然后再将炸好的腰果放入芹菜碗中，搅拌均匀即可。

麻酱菜心

材料： 白菜半棵、干红辣椒10根 、胡萝卜半根、香菜1把、生花生1把、花椒1小勺

调料： 油10大勺、香油1小勺、白糖10大勺、白醋6大勺、盐半小勺

麻酱汁： 麻酱4大勺、凉白开水3大勺、盐1小勺

1 白菜去硬帮，保留嫩菜心，用刀从中间一剖为二，顶刀切成细丝。

2 干红辣椒洗净，切成斜段；胡萝卜去皮、洗净，切丝；香菜洗净，切成段状。

3 取小碗，将麻酱、凉白开水放入碗中，再加盐，将麻酱搅成糊状。

4 净锅，加10大勺油，凉油放入花生米，小火炸至花生米变色后，捞出。

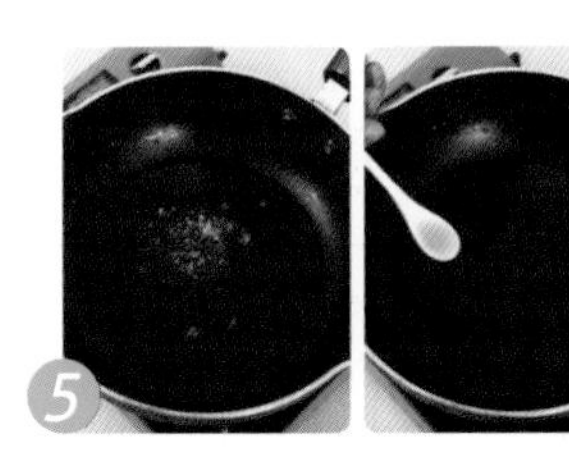

5 锅中留一半油，下入花椒，再加1小勺香油，小火炸出香味。

6 捞出花椒，下辣椒段，小火炒出红油及香味，关火，撒入白芝麻，盛出将油放凉。

7 将白菜丝和胡萝卜丝放入大碗中，加10大勺白糖、6大勺白醋、半小勺盐。

8 之后倒入炸好的辣椒油。

9 最后，将调好的麻酱汁淋在白菜心上，搅拌均匀即可。

白菜中水分含量约 95%，热量很低，而且含有丰富的粗纤维，
有健胃消食，纤体减肥的功效。
而一杯熟的大白菜汁能提供几乎与一杯牛奶同等的钙质，
所以不喜欢乳制品的人可以通过食用足量的大白菜来获得更多的钙。

初级难度　25 分钟　2 人份

香拌茭白

材料：蒜1瓣、香菜1棵、红辣椒1根、青辣椒1根、茭白4根、肉末1/4碗（约50g）、熟白芝麻1小勺

调料：油2大勺、生抽1小勺、盐1小勺、香油1小勺

茭白主要含蛋白质、脂肪、糖类、维生素、微量胡萝卜素和矿物质等，有清湿热、解毒、降低血压的功效。而其中的豆醇能清除体内活性氧，能软化皮肤表面的角质层，使皮肤润滑细腻。

制作方法

蒜拍扁、去皮，切成碎末，香菜洗净、去根，切成末。

红辣椒、青辣椒均洗净、去蒂，切成丁；茭白洗净、去皮，切成丝。

锅中加水，大火煮沸，放入茭白丝焯熟，捞出，过凉，滤干。

锅中放入油，中火烧至八成热，放入肉末，煸炒至变色，加入生抽。

然后放入青、红辣椒丁，再加入盐，翻炒均匀，盛出。

将肉末酱料倒入茭白丝中，撒上香菜末、熟白芝麻，拌匀，即可食用。

茭白怎么样才能挑选到鲜嫩的？

茭白切好后用热水焯烫，再放入冷水或冰水中浸泡，这样“喝饱水”的茭白制作菜肴时就会变得清脆鲜嫩。新鲜的茭白饱满、光滑，这样的茭白笋肉较嫩，若茭白顶端笋壳过绿，代表茭白老化，口感不佳。

素拌秋葵

材料：秋葵20根、蒜3瓣、红朝天椒2根

调料：油1大勺、辣椒面1小勺、生抽1小勺、蚝油1小勺、盐1小勺、糖1小勺、橄榄油1大勺

1 秋葵洗净、去蒂，用刀横切成薄片；蒜拍扁、去皮，切成碎末；红朝天椒洗净、去蒂，切成辣椒圈。

2 锅里加水，煮沸，加入半小勺盐、油，放入秋葵，焯烫2分钟。

3 捞出秋葵，立即放入冰水里泡凉，捞出，滗干水分。

4 辣椒面、生抽、蚝油、盐、糖、蒜末、辣椒调合，搅拌均匀，调成调料汁。

5 锅中加入1大勺橄榄油，中火烧热后，倒入调料汁中。

6 秋葵中倒入调料汁，拌匀，撒上熟白芝麻，即成。

秋葵怎么做才能脆嫩多汁？

秋葵容易氧化，切开后要迅速焯水，避免秋葵接触空气；焯烫时往水中加入少许油盐，可使焯烫过的秋葵口感更脆；秋葵在高温度环境下，会快速老化、黄化及腐败，买来的秋葵最好储存于冰箱冷藏室。

初级难度
10 分钟
4 人份

洋葱拌木耳

材料： 干黑木耳半碗、白洋葱1个、红椒半个、黄椒半个、蒜末1大勺、花椒20粒

调料： 盐1小勺、生抽半大勺、糖1小勺、白醋3小勺、油5大勺

初级难度　10 分钟　2 人份

洋葱含有杀菌 、降脂、降压等作用的活性物质，
含有蒜素及多种含硫化合物可在短时间内杀死多种细菌；
其中生物活性成分还能促进肾脏排钠，起到利尿作用。

干黑木耳用温水泡发，撕出小朵，去除硬蒂。滚水焯烫后，捞出、过凉、滗干。

将菜刀浸入冷水2分钟，再将白洋葱切片；接着将洋葱片放入滚水中焯烫20秒，捞出，滗干，备用。

彩椒洗净、去蒂，切成菱形小片。

将盐、生抽、糖、白醋、蒜末混合拌匀，兑成调味汁。

锅中加5大勺油，中火烧至四成热后，转小火煸香花椒，做成花椒油。

黑木耳、洋葱、彩椒片一起放入盘中，拌入调味汁后，淋上热花椒油即可食用。

洋葱拌木耳怎样做更脆口、更好吃？

木耳不宜过度泡发，泡发后，要撕去硬蒂，否则在食用时会严重影响菜肴的口感。洋葱直接凉拌辛辣味太重，最好先焯烫一下，减少洋葱的辛辣味，这样洋葱不仅不容易变色，而且看起来也更有食欲。

醋拌蘑菇

材料：蟹味菇、滑子菇、白玉菇各半碗，红椒半个、黄椒半个、生菜2片

调料：醋4大勺、油1大勺、黑胡椒粉1/3小勺、蒜末半大勺、盐1/3小勺

制作方法

1 蟹味菇、滑子菇、白玉菇均洗净，放入滚水中焯烫至熟。

2 红椒、黄椒均洗净、去蒂、去籽，切成0.3cm宽的条。

3 再将红、黄椒条放入冰水中浸泡，保持口感爽脆。

4 生菜洗净，切成与红黄椒条一样长短的细丝，备用。

5 将所有调料混合，搅拌均匀，做成调味酱汁。

6 把红黄椒、生菜丝和所有蘑菇放入盘中混合，淋入调好的酱汁即可。

醋拌蘑菇怎么做更爽口？

蘑菇的种类虽然很多，但制作菜肴前，最好都要用热水烫一下。因为蘑菇受生长的环境的影响，都有些许土腥气，用水焯烫后才可以将其去除。焯烫过凉的蘑菇一定要把水分挤压滤干再调味，以免水分浸出来影响菜的味道。

初级难度
15 分钟
3 人份

时蔬凉拌菠菜面

材料： 菠菜7根、面粉半斤、绿豆芽1小把、胡萝卜半根、干辣椒3根、蒜粒3瓣、鸡蛋2个

调料： 清水半碗（约150ml）、盐1小勺

调味汁： 盐、生抽各2小勺，芝麻酱、辣椒油各2大勺，醋、糖各1.5大勺，开水1碗

1. 菠菜加水榨成汁，用筛子滤掉菠菜汁里面的菜渣。

2. 面粉中加入1小勺盐和菠菜汁，揉成面团，用保鲜膜覆盖，饧1小时。

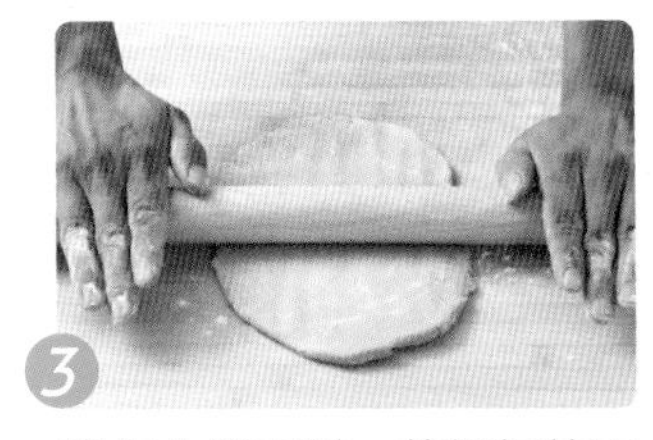

3. 案板上撒面粉，将饧好的面团擀成0.2cm厚的薄片。

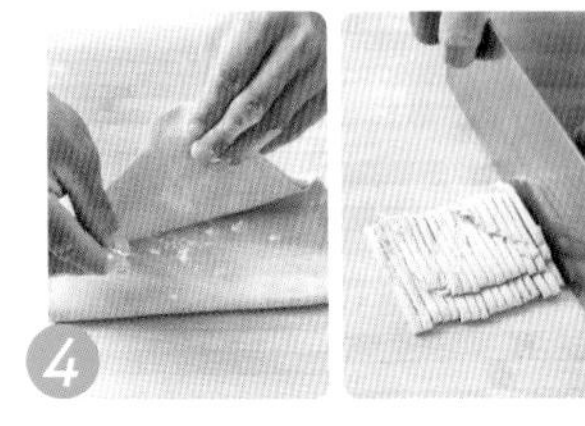

4. 将面片反复折叠，切成宽约0.5cm的面条。

5. 绿豆芽洗净、焯水、滗干。

6. 胡萝卜去皮，切丝；干辣椒切圈；蒜拍扁、去皮，切末，备用。

7. 鸡蛋打散成蛋液，入锅摊成鸡蛋饼，再切成蛋丝；调味汁调匀，备用。

8. 锅中加水煮沸，下入菠菜面煮熟，过凉，盛入碗内。

9. 放入绿豆芽、胡萝卜丝、辣椒圈、蒜末、蛋丝，浇上调味汁，即可食用。

菠菜含有丰富的维生素 A、维生素 C 及矿物质，
尤其维生素 A、维生素 C 含量是所有蔬菜之冠。
菠菜中，人体造血物质铁的含量也比其他蔬菜多，
对于胃肠障碍、便秘、痛风、贫血等症状确有特殊食疗效果。

中级难度　30 分钟　2 人份

酸辣海带丝

材料： 干海带1块、蒜4瓣、香菜1根、红朝天椒3个、白芝麻2小勺、花椒1小勺

调料： 油2大勺、生抽1小勺、醋1大勺、白糖1小勺、盐1小勺

海带处理的秘诀是什么？

干海带用清水泡发后，用热水再次焯烫，不仅能去除腥味，还能彻底去除沙砾；干海带最好使用淘米水泡发，可充分保留海带中的营养成分。

制作方法

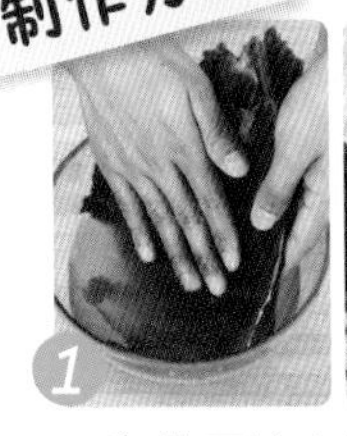

1. 干海带用清水泡软，洗去盐分和沙砾，切成细丝。

2. 锅中加水，大火煮沸后关火，放入海带丝，焯烫30秒后捞出、过凉，滗干水分。

3. 蒜去皮，切末；香菜洗净，切成小段；红朝天椒洗净、去蒂，切成细丝，备用。

4. 炒锅烧热后，放入白芝麻，转成小火，焙熟后盛出。

5. 锅中倒入2大勺油，中火烧至七成热，放入花椒，炒香后捞出。

6. 加入生抽、醋、白糖、蒜末和盐，撒上熟白芝麻和红朝天椒丝，浇入热油，腌制1小时，即可食用。